少年小鱼的魔法之旅

神奇的Python

张伟洋 著

电子工业出版社

Publishing House of Electronics Industry

北京·BEIJING

内 容 简 介

在一座普通的城市里，生活着一个名叫小鱼的少年。小鱼意外捡到了一台黑色的笔记本电脑。他好奇地打开电脑，从此被卷入了编程的魔法世界。小鱼遇到了一位神秘的魔法师，魔法师传授小鱼如何使用编程咒语创造魔法效果。从最基础的变量和数据类型，到高级的函数和算法，小鱼逐渐掌握了编程的精髓。随着故事的深入，小鱼不仅学会了编程的技巧，还进行各种编程挑战，解开了一个个魔法谜题。每一次的解谜，都让小鱼的魔法力量越发强大。

然而，这个神秘的魔法世界也充满了危险和挑战。小鱼必须穿越迷雾森林，寻找魔法碎片，甚至需要挑战森林中的怪兽——魔法碎片的守护者……

本书面向对 Python 有兴趣的初学者，旨在向读者普及 Python 相关知识，也适合计算机从业人员阅读和参考。

未经许可，不得以任何方式复制或抄袭本书之部分或全部内容。

版权所有，侵权必究。

图书在版编目（CIP）数据

少年小鱼的魔法之旅：神奇的 Python / 张伟洋著 . — 北京：电子工业出版社，2024.4
ISBN 978-7-121-47517-7

Ⅰ.①少… Ⅱ.①张… Ⅲ.①软件工具—程序设计—普及读物 Ⅳ.① TP311.561-49

中国国家版本馆 CIP 数据核字（2024）第 057411 号

责任编辑：张　楠
文字编辑：白雪纯
印　　刷：中国电影出版社印刷厂
装　　订：中国电影出版社印刷厂
出版发行：电子工业出版社
　　　　　北京市海淀区万寿路 173 信箱　　邮编：100036
开　　本：787×1092　1/16　印张：17　字数：380.8 千字
版　　次：2024 年 4 月第 1 版
印　　次：2024 年 4 月第 1 次印刷
定　　价：79.80 元

凡所购买电子工业出版社图书有缺损问题，请向购买书店调换。若书店售缺，请与本社发行部联系，联系及邮购电话：（010）88254888，88258888。
质量投诉请发邮件至 zlts@phei.com.cn，盗版侵权举报请发邮件至 dbqq@phei.com.cn。
本书咨询联系方式：（010）88254590。

前 言

神秘的故事背景

在一个被遗忘的角落，隐藏着一个神秘的魔法世界。而编程，正是打开魔法世界的钥匙。在这里，少年小·鱼意外地进入了魔法世界，踏上了一段寻找魔法碎片的冒险之旅。当你翻开这本书时，将踏上一段充满奇幻和探索的旅程，与少年小·鱼一同探寻编程的魔法世界。

你可能会问，为什么要选择编程作为探索的工具？编程，简单来说，就是告诉计算机如何完成特定的任务。实际上，编程是一种创造，是一种艺术，是一种将抽象思维转化为现实的魔法。编程可以帮助我们解决现实生活中的问题，也需要我们付出努力和时间。

引人入胜的内容

本书不仅是一本编程图书，更是一本充满悬疑、冒险和梦想的故事书。在本书中，你将跟随小·鱼的脚步，从一个编程小白成长为一个真正的魔法师。每一章都藏有一个令人困惑的魔法谜题，每一行代码都可能是解锁未知的关键。

在本书中，你不仅可以学到编程的基础知识，还可以体验到编程带来的乐趣和成就感，感受到编程的神奇魅力。你将面对各种各样的挑战，但只要你有决心和毅力，就一定可以克服它们，成为一个真正的编程魔法师。希望本书能激发你对编程的兴趣和热情！

适合阅读的人群

- **编程初学者**：本书通过魔法和冒险的故事形式，为初学者提供了一个有趣且直观的学习环境，使编程的学习变得更为轻松、有趣。

- **青少年**：魔法、冒险和宝藏的故事情节特别吸引青少年，为他们提供了一个寓教于乐的学习环境。

- **对编程感兴趣的成人**：对于那些想要入门编程但又觉得传统的编程图书过于枯燥的成人，本书提供了一个新颖且有趣的方式来学习编程。

- **教育工作者和家长**：教师和家长可以使用本书作为教材或参考书，帮助孩子或学生更好地理解和学习编程。

- **其他对编程感兴趣的人**：不论年龄大小，只要你对编程感兴趣，都可以通过这本书的有趣故事和实用示例，快速入门并掌握编程的基本概念和技能。

总之，无论你是一个编程初学者，还是一个有经验的开发者，这本书都会为你带来新的启示和灵感。编程不仅仅是一种技能，更是一种思维方式，一种生活态度。希望你在阅读这本书的过程中，不仅能学到知识，还能找到自己的学习方向。

你，准备好揭开魔法世界背后的真相了吗？你是否愿意跟随小·鱼，解读每一个隐藏在代码背后的神秘符号？本书不仅是一本编程书，阅读的过程更是一场脑力的较量，一次心灵的冒险。让我们一同踏上这段奇妙的旅程，与小·鱼一起探索这段充满悬疑和挑战的编程之旅吧！

参 考 答 案

少年小鱼不平凡的一天

黑色笔记本电脑：通往另一个世界的门

在一座普通的城市里，生活着一个名叫小鱼的少年。他是一名初中生，在班级里，他的学习成绩总是垫底。同学们经常取笑他，有时甚至戏称他为"倒数王"。

放学后，小鱼一个人走在回家的路上，他的心情很沉重，今天的数学考试又是一场灾难，他甚至怀疑自己是否真的有学习的天赋。每次看到那些复杂的公式和题目，他的大脑就像是被锁住了，怎么也打不开。

小鱼叹着气："为什么我总是学不会呢？其他同学都那么厉害，我为什么就做不好呢？"

突然，他的脚下踩到了一个非常硬的东西。他低头一看，是一个黑色的笔记本电脑，在它的表面有一个奇特的符号，这个符号正闪烁着微弱的光芒。

"好奇怪，这是谁的电脑呢？"小鱼心想。他弯下腰，小心翼翼地将电脑捡了起来。当他打开电脑时，屏幕上显示出一个神秘的启动画面。随后，出现一个闪烁的光点，小鱼用手按了一下这个光点。突然，他感觉自己被卷入了一个发光的漩涡，整个世界都开始旋转。

当光芒渐渐消散，小鱼发现自己站在一个神秘的地方。这里的天空是紫色的，地面铺满了闪烁的晶石，远处有一座巨大的城堡。小鱼站在那里，有些不知所措。

编程魔法的邂逅

一个神秘的声音回荡在空中："欢迎来到编程的魔法世界，小鱼。"小鱼一时语塞，他怀疑自己是不是做了个梦，但周围的一切都显得如此真实。

神秘人说："你可能会感到困惑，但别担心。我是这个世界的守护者，也是你的导师。你可以称呼我为魔法师。"

小鱼眨着眼睛，尽量控制住内心的激动，略带羞涩地说："嗨，魔法师。我好奇这个世界是怎么回事，为什么我会来到这里？"

魔法师："这个世界是一个充满魔法力量的地方，而你，小鱼，被选中是因为你内心深处的潜能。虽然在现实世界里你学习成绩不佳，但你拥有一颗渴望探索、创造的心。"

魔法师伸出手，轻轻摸了摸小鱼的头顶，仿佛感受到了他的内心。然后继续说："小鱼，你愿意接受这个挑战吗？你愿意用编程的魔法改变自己的命运吗？"

小鱼若有所思："编程可以做什么呢？"

魔法师："小鱼，编程是一种魔法，是一种创造力的体现。你可以用一些特殊的魔法咒语，创造出各种奇妙的效果。"

小鱼眼睛闪烁着好奇的光芒，有些疑惑地皱起眉头："魔法师，我不太明白。编程怎么会像魔法一样呢？"

魔法师微微一笑，目光深邃，他摊开双手说："想象一下，小鱼。在魔法世界里，每个人都是一位魔法师，都可以用特殊的咒语来创造魔法效果。编程就是一种咒语，它能让你控制机器，创造出各种魔法般的效果。"

小鱼的眼睛亮了起来，双手紧握，充满期待："你是说，我可以用编程创造东西，就像你用魔法创造魔法效果一样？"

魔法师点了点头："正是！编程能让你创造出图像、音乐、游戏等，就像魔法能创造出火花、光线和声音一样。编程就是你与机器交流的语言，通过这种语言，你可以让机器按照你的意愿去做事情。"

小鱼思索片刻，然后疑惑地问："那么，编程跟数学有什么关系呢？"

魔法师微微倾斜着身子："编程和数学确实有些关系，就像魔法和数学有时也会交织在一起。编程中用到了很多数学概念，如运算符让你可以进行数字计算，变量就像数学中的未知数。但编程更多地用到逻辑和创造力，让你用数学的方式思考问题，创造出有趣的解决方案。"

小鱼低下头，有些沮丧："那我需要多少数学知识才能学会编程呢？"

魔法师轻轻地抬起小鱼的下巴，鼓励地说："不需要太多，小鱼。基本的数学知识会帮助你更好地理解编程概念，但你不需要成为数学天才。编程是一种实践和探索的过程，随着你的学习，你会逐渐掌握所需的数学技能。"

小鱼深吸了一口气："但我以前学数学总是学不好，我担心编程会很难。"

魔法师微微一笑："小鱼，不必担心。在编程的世界里，你可以慢慢积累知识，逐步提升自己。和数学不同，编程是一种实践性的技能，你可以不断尝试进行学习，每次的尝试都是在创造新的魔法。"

　　小鱼眼中闪烁着坚定的光芒："那我怎么知道自己是否适合学编程呢？"

　　魔法师："小鱼，只要你充满好奇和探索的精神，就适合学编程。编程需要耐心和毅力，但它也能带给你无限的创造力和成就感。如果你愿意迈出第一步，就能发现编程的魔法世界，创造属于你自己的奇迹。"

　　小鱼坚定地点头："谢谢你，魔法师！我决定要学编程，成为一名像你一样的魔法师，探索这个神奇的魔法世界。"

　　魔法师："非常好，小鱼！但是学编程不会是一帆风顺的，你需要经历很多冒险，在编程的冒险中，我将一直陪伴着你，帮助你解开魔法的秘密，带你踏上奇幻的编程冒险之旅。"

　　接着，魔法师神秘地拿出了一个发光的魔法盒子，对小鱼说："小鱼，在冒险的过程中，你只有收集魔法碎片，并填满盒子，才能成为一位合格的魔法师。记住，每一位魔法师都是从零开始的，只要你相信自己，就能在这个魔法世界中创造出无限的可能。"

　　小鱼眼中充满了感激："谢谢你的鼓励，魔法师！我会努力学好编程，成为一名合格的魔法师。"

　　魔法师轻轻拍了拍小鱼的头："很好，小鱼。我相信你会在编程的冒险中获得很多乐趣。"

　　小鱼坚定了决心，他知道，这个世界将带给他前所未有的体验和挑战。他将以编程为魔法，创造出自己的奇迹，重新定义自己的人生。

目 录

第 **1** 章

编程的魔法世界

剧情预告

　　在本章中，小鱼将踏入一个充满奇幻的领域——编程的魔法世界。他开始对这个充满算法和数据结构的编程世界产生浓厚的兴趣。在魔法师的引导下，小鱼逐渐了解到编程不仅仅是一串串代码，更是一种与计算机沟通的语言，是一种将逻辑转化为实际操作的工具。通过学习Python这种简洁而强大的编程语言，小鱼体验到了编程的乐趣，也开始认识到自己在这个世界中的潜在能力。在这一章的最后，小鱼还将接受一个魔法挑战，这是他在编程世界的第一次实战，也是他对所学知识的第一次实际应用。

1.1 编程是什么？

魔法师眼中闪烁着光芒，激情四溢地说："在这个充满魔法和奇迹的数字时代，你是否好奇过计算机是如何运作的？当你用手机玩游戏时，或在电脑上浏览网页、看动画片时，你是否想过这背后的秘密是什么？别担心，今天我们将揭开这神秘的面纱，一起来探索编程的神奇世界！"

编程，简单地说，就是一种让计算机执行任务的方式。想象一下，计算机是一只听话的宠物，编程就是在教这个宠物如何做事。和宠物沟通可能需要用手势和声音，但是计算机只听得懂一种语言——编程语言。

编程语言就像一本与计算机对话的魔法书。通过编程语言，我们可以告诉计算机要做什么，计算机就会乖乖地按照我们的指示来执行。有了编程这个魔法，我们就可以让计算机做各种各样的事情！

例如，你可以编写一个简单的程序来绘制彩色的图案，制作一个跳跃的小动物游戏，或者设计一个智能机器人来回答你的问题。编程让我们的想象力得到无限释放！

编程不仅仅是一种技能，更是一种思维方式。通过学习编程，你将培养逻辑思维能力、问题解决能力和创新能力。编程就像一扇通向奇幻世界的大门，等待着你去探索和发现。

所以，让我们一起踏上编程的奇幻之旅吧！

小鱼眼中闪烁着好奇和期待，兴奋地说："好啊，我非常乐意！"

魔法师微微一笑："到了魔法咒语——Python登场的时候了。"

小鱼眼睛瞪得大大的，有些惊讶："Python？魔法咒语？"

魔法师点了点头，解释道："Python是一门非常友好的编程语言，相当于我们的魔法咒语，适合初学者入门。Python有着清晰简洁的语法，读起来就像是在读英语，让你很快就能上手编写简单的代码。而且Python的应用领域非常广泛，从网站开发、数据分析到人工智能，Python几乎无所不能！"

小鱼高兴地说："我明白了。"

魔法师："从编写第一个简单的程序开始，我们将逐步揭开编程世界的神秘面纱。无论你是未来的科学家、艺术家还是工程师，编程都将是你展翅高飞的魔法之羽！准备好了吗？让我们一起进入编程的神奇世界吧！"

魔法师滔滔不绝地讲了起来。

假设你正在玩一个游戏，游戏规则是从1到10报数，然后喊出"结束"。

在这个游戏中，你需要根据一系列规则来进行操作。编程也是类似的过程，只不过不是和人类进行对话，而是与计算机进行交流。

现在，让我们用编程的方式来解决这个问题。下面使用Python编写一个简单的程序来模拟这个游戏：

```python
# 编写一个循环，让计算机自动数数并喊出数字
for number in range(1, 11):
    # 喊出当前数字
    print(number)


# 喊出"结束"
print("结束")
```

这个简单的Python程序就是一个编程的例子。我们通过编写代码来告诉计算机应该做什么：从1数到10，并且不能重复。计算机会按照我们的指示，自动数数并输出结果。这就是编程的魔力！

编程使我们能通过指令，让计算机按照我们的意愿执行任务。无论是玩游戏、制作网站，还是处理复杂的数据，编程为我们提供了一种强大而有趣的方式进行探索和创造。正如在游戏中，通过编程，我们可以向计算机传达我们的想法，让计算机成为我们创意的实现者。

所以，编程就像一种魔法，让我们能与计算机进行交流，创造出无数的奇迹！

小鱼紧皱眉头："我还是不太理解。"

魔法师："没关系，后面我会给你详细讲解。"

想象一下，你是一位宇航员，驾驶着一艘飞船在宇宙中冒险。你要告诉飞船应该怎么飞行，去探索新的星球，并发现宝藏。但问题是，你不能直接和飞船说话，它听不懂人类的语言。

这时候，你需要一本特殊的宇宙语言书，里面有一些神奇的符号和指令。这本书就是编程语言，而你是飞船的指挥官，用这本书里的指令来告诉飞船应该怎么飞行。

例如，你可以写下一个指令，告诉飞船"向前飞行10秒"或"向左转90度"，飞船会根据你的指示执行操作，就像听从你的命令一样！

编程是你和宇宙飞船进行交流的语言，让你能告诉飞船应该做什么。通过编程，你可以编写一系列指令，让飞船按照你的计划飞向新的星球，探索神秘的宇宙。

就像在玩一个超级棒的游戏一样，你可以先设计各种冒险任务，然后通过编程，让飞船按照你的设想去完成。编程让你成为宇宙中的探险家和发明家，让你的想象力得到无限的发挥！

小鱼恍然大悟："原来是这样，太神奇了！"

魔法师笑着说："神奇的还在后面呢。"

1.2　魔法咒语：Python

魔法师眼中闪烁着光芒："嗨，小鱼！在这里，我们要认识一个新朋友，它就是我前面说的Python！Python是一种特殊的语言，让我们一起来了解一下吧！"

小鱼眼睛瞪得大大的，充满好奇，双手紧紧地握在一起："我现在想迫切地了解一下Python。"

魔法师微微一笑："别着急，听我慢慢道来。Python是一种计算机编程语言，就像用中文、英文或其他语言和朋友们交流一样，Python可以帮助我们和计算机进行交流。Python是计算机的好朋友，可以帮我们做很多有趣的事情！"

小鱼歪了歪头，眼中闪烁着疑惑："Python这个名字是怎么来的呢？"

魔法师微微一笑，神秘地说："这就是我接下来要说的。"他顿了顿，继续说："Python这个名字来源于一个喜剧节目，而不是动物名字哦！Python是从一个叫作'蒙提·派森的飞行马戏团'的喜剧节目中来的。这个名字让Python变得很独特，也让它变得很受欢迎！"

小鱼继续问道："Python有哪些特点呢？"

魔法师双手背在身后，踱步走动着："Python是一种非常友善的编程语言，它的语法（也就是写代码的规则）非常简单易懂，就像在写一段有趣的故事一样！因为Python的语法简洁，所以我们可以更容易地学习和使用Python。"他停下脚步，眼中闪烁着自豪："而且，Python是一位很大方的朋友，它是'开源'的，这意味着可以免费给我们使用，不需要花钱！这样，我们所有的小伙伴都可以一起来学习Python！"

小鱼双眼放光，激动地跳起来："哇，太棒了！"

魔法师微微一笑，继续说："Python可以做很多有趣的事情。你可以用Python画画、写故事、制作小游戏、做数学题！Python像一把打开创造之门的魔法钥匙，让我们的想象力得到无限发挥！"

魔法师再次靠近小鱼，语重心长地说："学习Python就像学习一门新的游戏规则，一开始你可能会觉得有点难，但不用担心！只要多练习、多尝试，你会变得越来越厉害，我相信你很快就能掌握Python的技巧！让我们迎接Python这位有趣的新朋友吧！"

1.3 两个神奇的魔法工具

魔法师伸出手指，轻轻点了点空中："小鱼，要开始编写魔法般的Python程序，我们首先需要两个神奇的工具——Python解释器和代码编辑器。"

小鱼好奇地看着魔法师："这两个工具是做什么的？"他的声音里充满了好奇和期待。

魔法师声音低沉而神秘："你可以把Python解释器看作是一根魔法棒，只要你向它说出正确的编程咒语，它就会为你施展魔法。"

小鱼歪了歪头："那这个Python解释器和我之前用的电脑上的软件有什么区别呢？"

魔法师微微一笑，双手背在身后，踱步走动："好问题！"他停下脚步，继续说："Python解释器就像一个能理解和执行魔法咒语的生物。你告诉Python解释器你想要做什么，它就会立刻执行。代码编辑器像一个魔法笔记本，用于我们跟计算机进行交流，你可以在上面编写、修改和保存你的魔法咒语。图1-1描述了Python程序的执行流程。"

小鱼眼中的光芒越发明亮，他似乎已经被魔法师的话语所吸引："哦，我明白了。那我应该怎么使用它们呢？"

魔法师说："要想使用它们，首先得在电脑上安装它们。让我们一起来学习如何安装它们吧！"

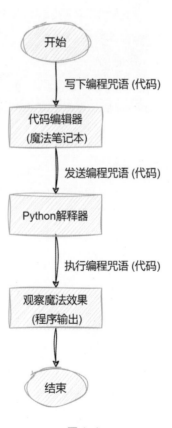

图1-1

1. 安装Python解释器

Python解释器能读懂我们写的Python魔法指令。要安装Python解释器，我们需要完成以下步骤：

步骤 1 》 打开你的计算机，连接互联网。

步骤 2 》 打开浏览器，找到Python官方网站的下载页面。

步骤 3 》 在这里，你会看到几个Python版本，不用担心，我们选择最新的版本就好。

步骤 4 》 单击下载按钮，Python解释器会像魔法一样下载到你的计算机中，如图1-2所示。

图1-2

步骤 5 》 双击运行安装程序，按照提示一步一步安装Python解释器，如图1-3～图1-5所示。

图1-3

图 1-4

图 1-5

现在，你的计算机就下载好拥有魔法的Python解释器，可以理解你的魔法指令了！

2. 安装代码编辑器

代码编辑器像写魔法指令的魔法笔，它可以让你方便地写下魔法程序。让我们一起来安装代码编辑器：

步骤 1 》 打开你的计算机，连接互联网。

步骤 2 》 打开浏览器，进入Visual Studio Code（VSCode）的官方网站。

步骤 3 》 找到VSCode的下载页面。VSCode是一个非常友好的代码编辑器，特别适合初学者学习编程。

步骤 4 >>> 如图1-6所示，根据电脑的操作系统不同，单击下载按钮，VSCode
会像魔法一样下载到你的计算机中。

步骤 5 >>> 双击运行已下载的安装程序，按照提示一步步安装VSCode。

步骤 6 >>> 安装Python插件。

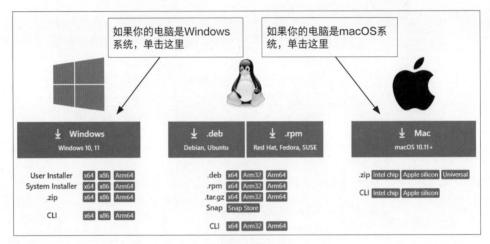

图 1-6

若想在VSCode中编写Python程序，还需要安装一个Python插件，安装步骤如
图1-7所示。

图 1-7

现在，你的计算机上就有了魔法笔（VSCode），可以用它写下你的魔法指令
（Python程序）了！

1.4 第一个魔法程序

在图书馆的一个安静的角落里，魔法师和小鱼坐在一张巨大的桌子前。桌子上放着那台神秘的笔记本电脑。

魔法师："小鱼，你已经学会了如何安装Python解释器和代码编辑器，是时候开始编写你的第一个Python魔法程序了！"

小鱼兴奋地两眼放光："我准备好了！"

魔法师："不用担心，这个魔法超级简单，和变出彩虹糖果一样有趣！我们的第一个魔法程序会打印出一个神奇的句子。"

小鱼充满好奇地看着魔法师，等待下一步指导。

魔法师："接下来听我的指挥。"

请在魔法笔记本——VSCode代码编辑器中，输入以下编程咒语：

```python
print("Hello, Magic World!")
```

写好编程咒语后，我们要告诉计算机运行这个程序。操作步骤如下：

步骤 1 》 打开刚刚安装的VSCode。

步骤 2 》 创建魔法文件magic.py，如图1-8所示。

步骤 3 》 写入魔法程序。

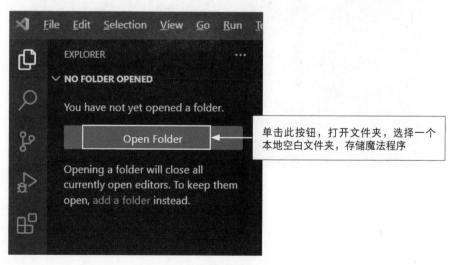

单击此按钮，打开文件夹，选择一个本地空白文件夹，存储魔法程序

图1-8

此外，也可以单击""按钮运行程序，如图1-9所示。

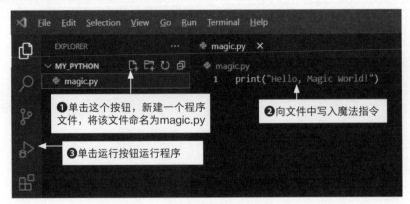

图 1-9

步骤 4 按Ctrl+S快捷键保存你的魔法程序。

步骤 5 如图1-10所示，单击"▷"按钮，计算机会自动将程序发送给Python解释器，Python解释器会执行你的魔法指令，输出你的魔法文字，如图1-11所示。

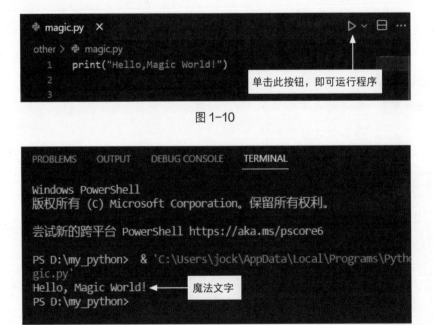

图 1-10

图 1-11

小鱼双手微微颤抖，根据魔法师的指示专注地输入咒语。输入完成后，他深吸一口气，将文件保存为magic.py。

魔法师的眼睛闪烁着期待的光芒，声音低沉地说："现在，在Python解释器中执行这个文件，看看会发生什么。"

小鱼按照指示执行了文件，屏幕上出现了"Hello，Magic World!"。

魔法师的脸上露出了满意的微笑，他指着屏幕，兴奋地说："看，计算机输出了一行字，是不是很神奇？你刚刚和计算机交流了，它听懂了你的话！"

小鱼的眼睛亮了起来，露出了难以置信的表情："这真的太神奇了！我刚刚使用了一个魔法！"

魔法师欣然点头："是的，小鱼。太棒了！你刚刚成功运行了你的第一个Python魔法程序！这只是开始，你将会学到更多魔法咒语，创造出更多奇迹。因为你成功地完成了这个任务，我要送你一个礼物。"

小鱼好奇地看着魔法师，魔法师缓缓地从袍子里拿出了一个闪闪发光的魔法碎片。

魔法师微笑着伸出手，说："这是一个魔法碎片，一个魔法碎片代表着你编程之旅的一次成就。当你收集到足够多的魔法碎片时，就可以解锁更强大的魔法能量了。"

小鱼激动地接过魔法碎片，决心要努力学习，收集更多魔法碎片。

魔法师轻轻地拍了拍小鱼的肩膀："你现在可以开始写更多有趣的魔法指令，创造出属于你的编程魔法世界！记得多多练习，探索更多的魔法技能，努力成为一个了不起的魔法师！"

让我们分析一下魔法指令的含义：

- print是一个特殊的命令，告诉计算机我们要输出一些内容。
- " "是一种符号，用来包裹要输出的内容。
- Hello，Magic World! 是要输出的内容，你可以把它改成你想说的任何话。

通过这个简单的程序，小鱼学会了第一个魔法——print 魔法，可以让计算机输出我们想要的文字！

魔法小·贴士

亲爱的小魔法师，你已经迈出了编程魔法之旅的第一步！print魔法是你的第一个魔法咒语，它可以让计算机为你说出任何你想要说的话。每一个魔法咒语都有其特定的结构和规则。例如，print魔法后面必须跟随括号，括号内是你想要输出的内容。

记住，每当你完成一个魔法咒语，都要让计算机执行它。这样，你才能看到魔法的效果。当你成功地施展了一个魔法，计算机会给你反馈。这是一个很好的机会，你可以知道魔法是否成功，或者是否需要进行一些调整。

1.5 【魔法实践】自我介绍机器人

魔法师和小鱼坐在图书馆的一扇窗户旁，窗外的星空闪烁着神秘的光芒。

魔法师轻轻地拍了拍小鱼的肩膀："小鱼，你已经学会了编写简单的魔法程序，现在我要教你如何创造一个有自己思想的机器人，它能和我们一样，向世界展示自己有多厉害！"

小鱼眼睛亮了起来，充满好奇地问："真的吗？我可以创造一个真正的机器人吗？"

魔法师微笑地点了点头："当然，不过这只是一个简单的自我介绍机器人，它会与你互动，了解你的名字、年龄和爱好。"

魔法师："这个自我介绍机器人非常有趣，它听到我们的话后，会根据我们的指示，拼出一段友好又有趣的自我介绍。让我们一起来进行这个有趣的小练习吧！"

魔法指令：

```python
name = input("嗨，我是自我介绍机器人！请告诉我你的名字: ")
age = input("很高兴认识你，" + name + "！请告诉我你的年龄: ")
print("哇哦！我认识了一个叫作" + name + "的酷酷大作家，年龄是" + age + "岁！")
print("我也很喜欢写代码，不过还没" + name + "厉害呢！我要向你学习！")
```

现在，让我们来看看这个自我介绍机器人有多厉害吧！当我们运行这个程序时，它会让我们输入名字和年龄。然后，它会用魔法拼出一段友好的自我介绍，还会夸我们是酷酷的大作家！

小鱼迅速地输入了代码，他的手指在键盘上飞快地移动，仿佛在弹奏一首美妙的歌曲。

魔法师："完成了吗？"

小鱼点了点头，他的脸上露出了自信的微笑："是的，我完成了我的第一个自我介绍机器人！"

魔法师高兴地说："那么，让我们看看效果如何吧。"

小鱼运行了程序，屏幕上出现了机器人的问题。小鱼回答了机器人的问题，机器人也给出了有趣的回应，如图1-12所示。

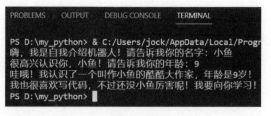

图 1-12

让我们分解一下这个有趣的魔法指令：

- input() 这个指令会像魔法一样，让我们在计算机上输入一些内容，这里我们输入了名字和年龄。
- name = input("嗨，我是自我介绍机器人！请告诉我你的名字：") 这一行会把我们输入的名字存储在一个叫作 name 的魔法盒子（变量）里。
- age = input("很高兴认识你，" + name + "！请告诉我你的年龄：") 这一行会把我们输入的年龄存储在一个叫作 age 的魔法盒子（变量）里。
- print("哇哦！我认识了一个叫作" + name + "的酷酷大作家，年龄是" + age + "岁！") 这一行会把我们的名字和年龄插入到魔法字符串中，并输出自我介绍。

魔法师看着小鱼："是不是觉得很有趣？自我介绍机器人能和我们一样，自信又有趣地向世界展示自己的魔法！"

小鱼兴奋道："太不可思议了！"

魔法师："当然！让我们继续编写自我介绍机器人的魔法指令，让机器人根据我们的输入，打印出友好的自我介绍。"

魔法指令：

```
# 之前的魔法指令

name = input("嗨，我是自我介绍机器人！请告诉我你的名字：")

age = input("很高兴认识你，" + name + "！请告诉我你的年龄：")

print("哇哦！我认识了一个叫作" + name + "的酷酷大作家，年龄是" + age + "岁！")

print("我也很喜欢写代码，不过还没" + name + "厉害呢！我要向你学习！")

# 新增魔法指令

hobby = input("告诉我你喜欢做什么有趣的事情呢？比如画画、跳舞、玩乐高等：")

print(name+"，你的爱好太酷了！我也喜欢" + hobby + "呢！我们真是志同道合的好朋友")

print("不过，我还得继续学习，成为更厉害的编程小能手。" + name + "，你愿意和我一起冒险，一起学习编程的魔法吗？")
```

现在，自我介绍机器人更厉害了！在打印出我们输入的姓名和年龄时，还会询问我们的爱好，并根据输入的爱好来进行友好的互动。

当我们运行这个程序时，自我介绍机器人会依次问我们的名字、年龄和爱好，然后根据输入的信息，输出一段友好又有趣的互动，如图1-13所示。

```
PROBLEMS    OUTPUT    DEBUG CONSOLE    TERMINAL
PS D:\my_python> & C:/Users/jock/AppData/Local/Programs/Python/Python311/python.exe d:/my_pyth
嗨，我是自我介绍机器人！请告诉我你的名字：小鱼
很高兴认识你，小鱼！请告诉我你的年龄：9
哇哦！我认识了一个叫作小鱼的酷酷大作家，年龄是9岁！
我也很喜欢写代码，不过还没小鱼厉害呢！我要向你学习！
告诉你你喜欢做什么有趣的事情呢？比如画画、跳舞、玩乐高等：画画
小鱼，你的爱好太酷了！我也喜欢画画呢！我们真是志同道合的好朋友
不过，我还得继续学习，成为更厉害的编程小能手。小鱼，你愿意和我一起冒险，一起学习编程的魔法吗？
PS D:\my_python>
```

图1-13

让我们继续分解新增的魔法指令：

- hobby = input("告诉我你喜欢做什么有趣的事情呢？例如画画、跳舞、玩乐高等：")
  这一行会把我们输入的爱好存储在一个名为 hobby 的魔法盒子（变量）里。

- print(name + "，你的爱好太酷了！我也喜欢" + hobby + "呢！我们真是志同道合的好朋友！") 这一行会把我们的名字和爱好插入到魔法字符串中，并输出友好的回应和问候。

小鱼被眼前的一切震惊了："自我介绍机器人真是太厉害了！它能根据我们的回答来给出不同的反应，就像和一个有趣的朋友聊天一样！"

突然，图书馆窗户上的星星开始闪烁，它们形成了一个旋涡，从中飞出了一个闪闪发光的魔法碎片，缓缓地飘到了小鱼的手中。

小鱼惊讶地看着手中的魔法碎片："这是？"

魔法师微笑地说："这是你完成挑战的奖励，每当你学会一个新的魔法技能，都会有魔法碎片作为奖励。当你收集到足够多的魔法碎片时，就可以解锁更强大的魔法能量。"

小鱼激动地握紧了手中的魔法碎片："我会继续努力的，魔法师！"

魔法师点了点头："我相信你，小鱼。前面还有更多的魔法等着你去探索。"

魔法·小·贴士

尽管机器人是虚拟的，但给它一些个性化的特点，会使它更加有趣。

在完成机器人代码的编写后，多次测试以确保一切正常。如果发现任何问题或有需要改进的地方，则继续修改代码。

与其他魔法师分享你的机器人程序，听听他们的反馈，这可以帮助你学到更多知识，并能不断完善你的魔法技能。

第 2 章

变量和数据类型的冒险之旅

剧情预告

　　随着小鱼深入编程的魔法世界，他开始面对更为复杂的魔法挑战。在这一章中，小鱼将踏入一个未知的区域，开始变量和数据类型的冒险之旅。变量如同魔法世界中的魔法盒子，能存储各种神奇的信息，数据类型决定了这些信息的形态和特性。从简单的数字和字符串，到复杂的列表和元组，小鱼将学习如何使用这些基础的魔法工具操纵和组织数据。

　　这一路并不是一帆风顺的，小鱼会遇到各种各样的魔法障碍，如石像怪的算术挑战。每一次挑战都需要小鱼运用所学的知识，结合逻辑思维，找到解决问题的方法。在这一过程中，小鱼不仅加深了对变量和数据类型的理解，还培养出一种解决问题的编程思维。当小鱼最终排除所有的魔法障碍后，将真正掌握这一章的核心知识，并为后续的编程冒险打下坚实基础。

2.1 魔法森林的入口：变量的迷雾

小鱼和魔法师走了很久，来到了一片神秘的森林。这片森林被一层厚厚的迷雾所包围，仿佛隐藏着无尽的秘密。

小鱼好奇地看着这片森林："这是什么地方？"

魔法师："这是魔法森林，一个充满魔法和挑战的地方。但要进入这片森林，我们首先要解开这层迷雾。"

小鱼看着眼前的迷雾，感到有些迷茫："这迷雾是怎么回事？"

魔法师不慌不忙地解释道："这是由变量构成的迷雾，变量是编程中的基石，它像一个魔法盒子，可以存储各种信息。只有真正理解变量，这层迷雾才会消散。"

小鱼皱了皱眉："变量？听起来很复杂。"

魔法师微笑地说："其实很简单。想象一下，你有一个魔法盒子，你可以把任何东西放进去，如你的名字、年龄或者你最喜欢的食物。这个魔法盒子就是变量。"

小鱼似懂非懂地点了点头："变量有什么作用呢？"

魔法师："假如你是一个宝藏猎人，你需要一个地方存放找到的金币、宝石和其他珍贵的东西，这就是变量的作用！变量能帮助我们存储数据，方便以后使用。"

小鱼："那我怎么使用变量这个魔法盒子呢？"

魔法师："很简单，你只需要给这个魔法盒子起一个名字，然后告诉它你要存储的内容。例如，你可以这样做。"魔法师在空中写下一行代码：

```
name = "小鱼"
```

小鱼看着这行代码："哦，我明白了！这就是把'小鱼'这个名字存储到'name'这个魔法盒子里。"

魔法师露出了笑容："小鱼你太聪明了，让我再详解给你讲讲。"

1. 魔法盒子

变量相当于一个魔法盒子，每个盒子都有一个名字。这个名字就是你给变量取的名字，它可以是任何你喜欢的名字，如treasure_gold（金币宝藏）或player_name（玩家名字）。通过给变量起一个好听的名字，我们可以更容易地知道里面存放的内容。

2. 盛放的宝物

如图2-1所示，变量可以存放不同类型的数据，就像魔法盒子可以装金币、宝石和魔法草药一样。在编程中，我们可以用变量来存储数字、文字，甚至是一组数据（列表）。

金币（数据）

魔法盒子（变量）

图 2-1

（1）数字变量

你可以把数字存放起来，如你找到的金币数量，或者你的生命值：

```
gold_coins = 100 # 100枚金币
health_points = 75 # 生命值为75
```

这段代码表示，变量gold_coins的值是100，变量health_points的值是75。
图2-2展示了用变量存储数字。

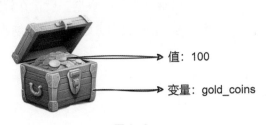

值: 100

变量: gold_coins

图 2-2

（2）文字变量

变量可以用来存放文字，如玩家的名字、冒险地点等：

```
player_name = "英雄玩家"
location_name = "魔法森林"
```

（3）列表变量

如图2-3所示，列表像一个有序的宝藏集合，你可以把多个数据放进一个列表里：

图 2-3

```
found_treasures = ["gold coin", "diamond", "magic potion"]
```

（4）变量的使用

想象一下你找到了一块金币，你可以把这块金币放进一个叫作treasure的变量中：

```
treasure = "金币"
```

现在，每当你想要使用这块金币时，只需要提到变量名treasure，就可以使用这个变量了：

```
print("你发现了一个", treasure, "在山洞里!")
```

上面这行代码会输出：

```
你发现了一个金币在山洞里!
```

通过使用变量，我们可以轻松管理和访问数据，就像在冒险中整理宝藏一样。变量是编程世界中的一种神奇工具，能让我们更好地探索和创造编程世界。

3. 变量的命名规则

在Python中，为了保证代码的可读性，避免潜在的错误，选择合适的变量名并遵循一定的命名规则是很重要的。Python变量的命名规则如下：

（1）变量名可以包含大写字母、小写字母、数字和下画线，且必须以字母或下画线开头：

```
valid_variable = 10
_also_valid = 20
```

（2）变量名不能以数字开头，否则会导致语法错误：

```
1variable = 30   # 这是无效的，会导致错误
```

（3）Python是区分大小写的，这意味着同样的变量名，如果大小写不同，则会被视为是两个不同的变量：

```
Variable = 40
variable = 50   # 这是另一个不同的变量
```

（4）Python有一些保留的关键字，如 if、else、while 等，这些关键字不能用作变量名：

```
if = 10   # 这是无效的，会导致错误
```

（5）尽管Python允许使用内置函数名（list、str、print）作为变量名，但为了避免混淆，不推荐这样做：

```
list = [1, 2, 3]   # 不推荐这样做，因为会覆盖内置的list函数
```

（6）为了代码的可读性，建议使用描述性的变量名。这样，其他人或者未来的你可以更容易地理解代码的意图：

```
age_of_student = 20   # 这比简单的 a 更具描述性
```

（7）在Python中，通常使用下画线来分隔多个单词的变量名，这被称为蛇形命名法：

```
student_name = "Alice"
course_duration = 3
```

变量名应足够简短，但要有意义。例如，n 表示"数量"可能过于简短，而 number_of_elements_in_the_list 又过于冗长。

总之，选择合适的变量名，并遵循命名规则和惯例，可以使你的代码更加清

晰、更具有可读性并易于维护。

小鱼迅速地在笔记本电脑上输入了一些代码，然后兴奋地看着魔法师："我做到了！"

随着小鱼对变量的理解不断加深，眼前的迷雾逐渐消散，露出了魔法森林的真面目。森林里充满了各种奇妙的生物和神秘的景象。

魔法师微笑地看着小鱼："很好，小鱼。你已经迈出了进入魔法森林的第一步。但这只是开始，前面还有更多的挑战等着你。"

小鱼充满信心地看着魔法师："我已经准备好了，无论前面有什么挑战，我都不会退缩。"

魔法小·贴士

给变量取一个有意义的名字可以帮助你更容易地理解其用途。但记住，变量名应简短且具有描述性。

变量可以存储各种类型的数据，从简单的数字和文字，到复杂的列表和字典，了解每种数据类型的特点和用途是非常重要的。

当使用变量时，确保你已经为其赋值。尝试使用未赋值的变量会导致错误。

思维导图

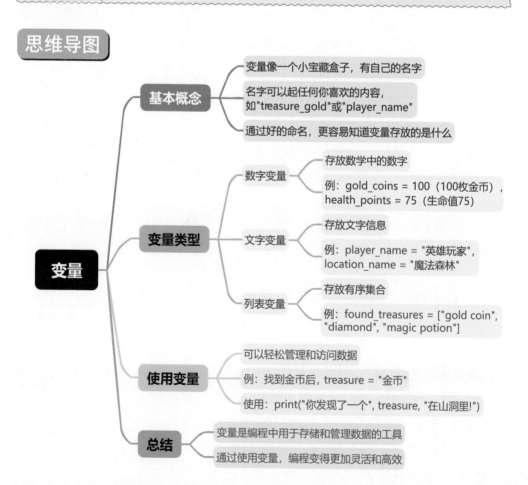

2.2 被困的精灵：数据类型的解救

小鱼和魔法师深入魔法森林，树木之间流淌着神秘的光芒，每一片叶子都似乎在低声念着古老的咒语。不久，他们来到一个小湖旁，湖中央有一个小岛，岛上有一个透明的泡泡，泡泡里面有一个悲伤的精灵。

小鱼看着那个精灵，心中充满了同情："那个精灵怎么了？为什么被困在那里？"

魔法师叹了口气："那是数据类型的精灵，它被一个错误的数据类型所困住，只有找到正确的数据类型，才能解救它。"

小鱼疑惑地看着魔法师："数据类型？是什么意思？"

魔法师解释道："在编程的世界里，不同的信息有不同的类型。例如，数字、文字和真假值都是不同的数据类型。要解救那个精灵，我们需要找到正确的数据类型。"

小鱼思考了一下，然后问："那我们怎么知道哪个是正确的数据类型呢？"

魔法师微笑道："这就是你要面对的挑战。接下来让我给你讲讲数据类型。"

1. 数据类型：魔法的形态

在编程世界中，数据类型决定了我们的魔法盒子里可以放入什么样的值。

- 整数（int）：整数是没有小数部分的数值，如1、42、100。
- 浮点数（float）：浮点数是带有小数部分的数值，如3.14、2.71828。
- 字符串（str）：字符串是一串字符的组合，如"Hello, Magic World!""Python编程"。
- 布尔值（bool）：布尔值只有两个可能的值：True（真）和False（假）。

我们可以使用这些数据类型创造更多的魔法效果，让计算机理解我们的意图：

```
# 整数
magic_number = 42
# 浮点数
pi = 3.14
# 字符串
magic_word = "Abracadabra!"
# 布尔值
is_magic = True
```

拿整数为例，你可以用整数来表示你的年龄、家里的糖果数量，甚至是龙的鳞片数量（虽然这需要一些想象力！）。

让我们来写一个小程序，告诉计算机我们今天有多开心，把开心指数存储在一个变量中：

```
# 开心指数=10
happy_index = 10
print("我今天的开心指数是: ", happy_index) # 输出: 我今天的开心指数是: 10
```

嘿，你刚刚向计算机传递了一条指令：把开心指数存储在一个叫作happy_index的变量中，然后输出这个变量！计算机听懂了，它会帮你保留这个数字，并在屏幕上展示出来。

2. 注释: 魔法小提示

在编程世界中，注释是一种魔法小提示，帮助我们和其他魔法师更好地理解魔法。

注释用于解释魔法指令，它们不会被计算机执行，只有魔法师才能读懂：

```
# 这是一行注释，用来解释下面的魔法指令
magic_number = 42  # 这也是一行注释，用来解释这个变量的含义
"""
这是一个多行注释，
我们可以写很多有趣的魔法小提示。
"""
```

```
# 注释可以帮助我们更好地理解魔法指令
```

注释像写给魔法师的便笺，让我们记住一些重要的信息，方便日后使用。

有了数据类型和注释这些有趣的概念，我们可以更加自如地创造魔法，编写出更加强大、有趣的魔法程序！

3. 解救小精灵

魔法师："小鱼，现在你需要使用学到的知识，与精灵交流，找到正确的数据类型。"

小鱼鼓起勇气，走到湖边，对着精灵喊道："你好，我是小鱼。请告诉我，你需要什么样的数据类型来解救你？"

精灵的声音如同风铃："我需要一个代表年龄的数字。"

小鱼："你的年龄是多少呢？"

精灵："100岁"

小鱼迅速在笔记本电脑上输入一行代码：

```
age = 100   # 这是一个整数数据类型，代表年龄，存放在变量age中
```

随着代码的输入，透明的泡泡逐渐消失，精灵得到了解救，它飞到小鱼的面前，感激地说："谢谢你，小鱼。你用正确的数据类型解救了我。"

小鱼高兴地笑了："没关系，我很高兴能帮助你。"

魔法师走了过来，拍了拍小鱼的肩膀："很好，小鱼，你成功地完成了这个挑战。魔法森林中还有更多的精灵需要我们的帮助，我们继续前进吧。"

魔法师决定给小鱼一些额外的练习，以确保他真正理解了数据类型的概念：

```
name = "小鱼"   # 这是一个字符串数据类型，代表文本信息
is_happy = True   # 这是一个布尔值数据类型，代表真或假
```

魔法师："小鱼，你看，这就是不同的数据类型。字符串用来存储文本，布尔值用来存储真或假。"

小鱼点了点头："这些数据类型像魔法森林中的不同生物，每一个都有它自己的特点。"

魔法师点了点头："正是因为如此，当你编写程序时，选择正确的数据类型是

非常重要的。"

　　小鱼思考了一会儿，然后说："我明白了，魔法师。所以，当精灵说它需要一个代表年龄的数字时，我选择了整数数据类型。"

　　魔法师微笑地拍了拍小鱼的头："很好，小鱼。你真的很聪明。"

魔法小·贴士　　每种数据类型都有各自的特点和用途，在某些情况下，你可能需要将一种数据类型转换为另一种数据类型。例如，将数字转换为字符串，或将字符串转换为数字。尝试对不兼容的数据类型进行操作或转换可能会导致错误。例如，尝试将文字与数字相加。

思维导图

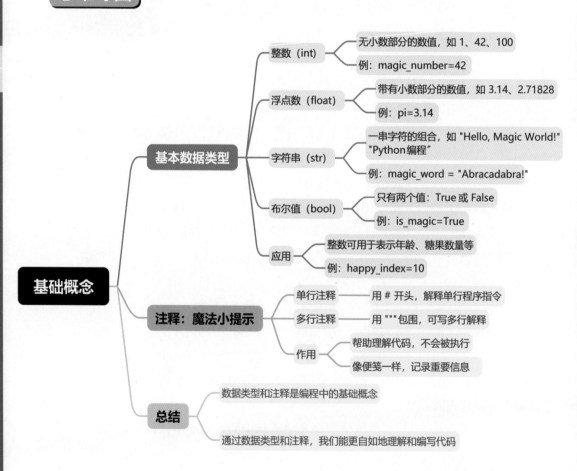

2.3 石像怪的挑战：运算符之旅

小鱼和魔法师继续深入魔法森林。不久，他们来到了一个巨大的魔法石圈旁边。石圈中心有一个闪闪发光的魔法水晶，周围是一些神秘的符号。令人意外的是，水晶的旁边还有一个巨大的石像怪，它的眼睛散发着红色的光芒，似乎正在守护着这片区域。

小鱼好奇地问："这是什么地方？这些符号是什么意思？那个石像怪又是怎么回事？"

魔法师微笑地说："这是魔法森林的能量源，这些符号代表着编程中的运算符。至于那个石像怪，它是这片区域的守护者。只有当我们正确使用这些运算符，并完成一个特定的挑战，它才会被打败，我们才能获得魔法碎片。"

小鱼疑惑地看着那些符号："运算符？听起来很复杂。"

魔法师："其实很简单，运算符像各种魔法工具，可以对数据进行各种操作，如加法、减法、乘法、除法。"

小鱼似懂非懂地点了点头："那我们如何使用这些运算符呢？"

魔法师："让我给你展示一下。"他走到魔法水晶前，开始念诵一些咒语，并在空中写出了一些代码：

```python
# 加法
result1 = 5 + 3
print(result1)  # 结果是 8
# 减法
result2 = 10 - 4
print(result2)  # 结果是 6
# 乘法
result3 = 6 * 2
print(result3)  # 结果是 12
# 除法
result4 = 8 / 2
print(result4) # 结果是 4.0
```

小鱼仔细地观察这些代码，然后说："我明白了，这些运算符就像数学中的加号、减号、乘号、除号。"

魔法师点了点头："没错，小鱼，让我继续深入给你讲一下。"

数字不仅仅是用来看的，还可以进行各种运算。就像你在数学课上学到的那样，有加、减、乘、除等运算符。下面让我们继续探索这些运算符的魔法效果。

1. 加法和减法

假设你的朋友送给你两盒糖果，每盒都有10颗糖果。你想知道一共有多少颗糖果。别担心，Python可以帮你算出来：

```python
# 每盒有10颗糖果
candies_per_box = 10
# 两盒糖果的数量相加后，把计算结果存放在变量total_candies中
total_candies = candies_per_box + candies_per_box
# 输出一共有多少颗糖果
print("我一共有", total_candies, "颗糖果！")
```

在这里，我们使用了加法运算符"+"，把两盒糖果的数量相加，得到了总数。你有没有发现，这就像是一种魔法般的力量在帮助我们计算！

要是你吃了一颗糖果，则可用减法运算符"-"来计算剩下多少颗糖果：

```python
# 糖果总数=糖果总数-1
total_candies = total_candies - 1
print("我还剩下", total_candies, "颗糖果。")
```

这段代码在计算机中的运行过程为：

（1）计算机从盒子total_candies中取出存储的数字，即20。

（2）执行减法操作，20减1得到19。

（3）将结果19重新存储在盒子total_candies中。

（4）现在，盒子total_candies中的数字更新为19。

（5）输出结果：我还剩下19颗糖果。

2. 乘法和除法

浮点数是带有小数点的数字，如3.14、0.5、2.71828。你可以用浮点数来表示巧克力蛋糕的重量、价格，甚至是外星人的身高！

接下来让我们写一个程序，计算圆的面积，这需要用到圆的半径和 π（圆周率）：

```python
radius = 5 #半径
pi = 3.14159 # π
area = pi * radius ** 2 # 计算面积，圆的面积=π乘以半径的平方
print("圆的面积是: ", area) # 输出结果
```

在这里，我们使用了乘法运算符"*"和平方运算符"**"。上面这个程序告诉计算机："嗨，我想计算一个圆的面积，它的半径是5，π（圆周率）是3.14159。现在帮我算一下这个圆的面积是多少！"。

现在假设你想要把你的糖果平均分给你的两个朋友，每人分得几颗呢？别着急，我们可以使用除法来解决这个问题：

```python
friends = 2 # 定义朋友数量
candies_each = total_candies / friends # 糖果总数除以朋友数量
print("每人分得", candies_each, "颗糖果。")
```

在这里，我们用除法运算符"/"，将糖果平均分给朋友们，并得到每人分得的数量。

3. 复合运算符

复合运算符是Python中的一种特殊运算符，复合运算符结合了赋值和其他运算符，使代码更简洁。

（1）+=：加法复合运算符

加法复合运算符将左侧变量的值与右侧的值相加，并将结果赋值给左侧的变量。

```python
score = 90
score += 10  # 相当于 score = score + 10
print(score)  # 输出100
```

这段代码首先将90赋值给变量score，然后使用运算符"+="，将score的值增加10，最终score的值为100。

（2）-=：减法复合运算符

减法复合运算符将左侧变量的值减去右侧的值，并将结果赋值给左侧的变量。

```
distance = 1000
distance -= 300   # 相当于 distance = distance - 300
print(distance)    # 输出700
```

这段代码首先将1000赋值给变量distance，然后使用运算符"-="，将distance的值减300，最终distance的值为700。

（3）*=：乘法复合运算符

乘法复合运算符将左侧变量的值乘以右侧的值，并将结果赋值给左侧的变量。

```
price = 50
price *= 2  # 相当于 price = price * 2
print(price)  # 输出100
```

这段代码首先将50赋值给变量price，然后使用运算符"*-"，将price的值乘以2，最终price的值为100。

（4）/=：除法复合运算符

除法复合运算符将左侧变量的值除以右侧的值，并将结果赋值给左侧的变量。

```
weight = 120
weight /= 2  # 相当于 weight = weight / 2
print(weight)  # 输出60.0
```

这段代码首先将120赋值给变量weight，然后使用运算符"/="，将weight的值除以2，最终weight的值为60.0。

复合运算符是为了简化代码而设计的，它们结合了赋值和其他基本运算符，使代码更加简洁。在编写代码时，使用复合运算符可以提高代码的可读性和运行效率。

通过运算符的魔法，我们可以在编程世界里实现各种有趣的计算。

小鱼恍然大悟："原来是这样，运算符实在是太强大了！是时候打败石像怪了。"

魔法师点了点头："但要打败石像怪，你需要完成一个特定的挑战。"

小鱼紧张地问："什么挑战？"

魔法师："你需要使用这些运算符，计算出石像怪给你的数学题的答案。"

小鱼点了点头："我准备好了。"

只见石像怪头顶上出现了一道闪闪发光的题目：如果你有10个苹果，吃掉了3个，然后又得到了5个苹果，现在你有多少个苹果？"

小鱼迅速地在笔记本电脑上输入了一行代码：

```python
apples = 10 - 3 + 5
print(apples) # 结果是 12
```

小鱼笑了："这也太简单了。"

正当小鱼得意洋洋时，石像怪的头顶上又出现了一道题目：假设你在魔法森林的一个角落找到了7个金币，然后在另一个角落找到了5个金币。你决定将这些金币平均分给你和我。但是，金币无法半个半个分，假如在平均金币后，有多余的金币，可以把它们放入魔法储物箱里。请问，你和我每人能得到多少金币，魔法储物箱里又会有多少金币？

这下可把小鱼难住了，小鱼拼命地挠头。

魔法师："别着急小鱼，让我教你两个新的运算符——整数除法（//）和取余操作（%）。"

4. 整数除法和取余操作

整数除法，也被称为地板除法，是一种除法操作，只返回商的整数部分，忽略任何小数部分。这意味着结果总是向下取整的。

例如：

- 9 // 2 返回 4，因为9除以2的结果是4.5，但整数除法只返回整数部分，即4。
- 15 // 4 返回 3，因为15除以4的结果是3.75，但整数除法只返回整数部分，即3。

取余操作，通常被称为模运算，返回除法的余数。

例如：

- 9 % 2 返回 1，因为9除以2的商是4，余数是1。
- 15 % 4 返回 3，因为15除以4的商是3，余数是3。

在编程中，整数除法和取余操作经常被一起使用，特别是需要将一个数分成多个部分，或者需要知道一个数是否能被另一个数整除时。例如，我们可以使用取余操作来检查一个数是否为偶数：如果一个数% 2的结果是0，那么这个数肯定是偶数。

小鱼恍然大悟，思考了一会儿，迅速地在笔记本电脑中输入一些代码：

```python
total_coins = 7 + 5    # 共有12个金币
coins_per_person = total_coins // 2
print("每人得到",coins_per_person,"个金币。")
coins_in_magic_box = total_coins % 2
print("储物箱里有", coins_in_magic_box,"个金币。")
```

上述代码的运行结果如图2-4所示。

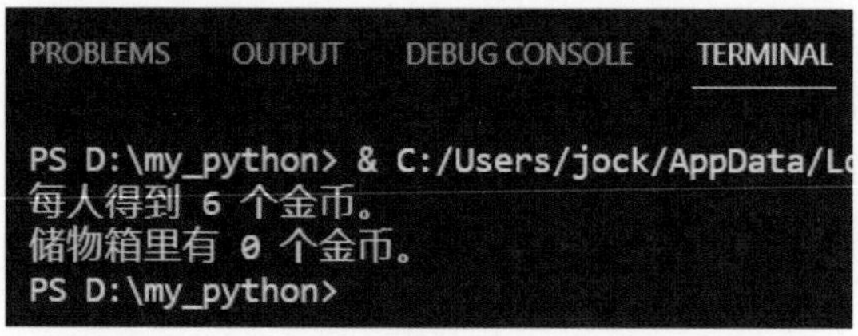

图 2-4

随着代码的输入，魔法水晶发出了更加明亮的光芒。突然，石像怪开始摇晃，它的红色眼睛逐渐变为绿色，然后它缓缓地倒下，变成了一块普通的石头。从石像怪的底座中，浮现出一个闪闪发光的魔法碎片。

小鱼惊讶地看着这一切："我们……我们打败了它！"

魔法师微笑地说："没错，小鱼。你使用正确的运算符，完成了挑战，打败了石像怪，并获得了魔法碎片。"

小鱼兴奋地拿起魔法碎片，它散发着温暖的光芒："这真的太神奇了！"

魔法师点了点头："这只是开始，小鱼，前面还有更多的挑战等待你。每一次的成功都会让你更接近为一个真正的魔法师。"

小鱼紧紧握住魔法碎片，眼中闪烁着光芒："我不怕任何挑战，魔法师。只要有你在身边指导我，我相信我可以完成任何任务。"

魔法师微笑地拍了拍小鱼的头："那就让我们继续前进吧，下一个挑战还在等待着我们。"

两人继续深入魔法森林，寻找下一个魔法挑战，小鱼的冒险之旅还在继续。

魔法·小·贴士

　　每个运算符都有独特的功能和用途。在使用运算符时，确保这些运算符操作是兼容的。例如，尝试除以零或对非数字字符串进行数学运算，可能会导致错误。

　　使用复合运算符，如 += 和 *=，可以让你更快速、简便地更新变量的值。掌握这些运算符可以提高编写代码的效率。

思维导图

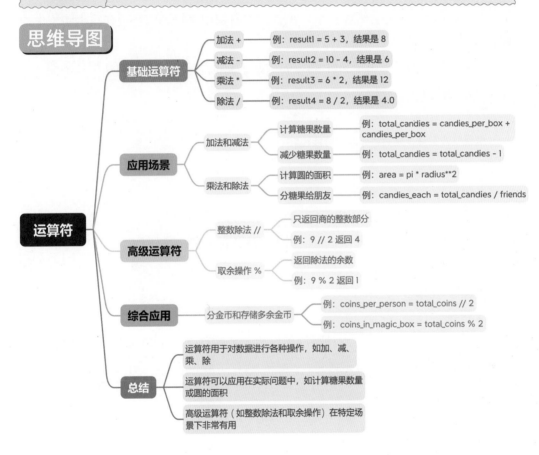

- **运算符**
  - **基础运算符**
    - 加法 + —— 例：result1 = 5 + 3，结果是 8
    - 减法 - —— 例：result2 = 10 - 4，结果是 6
    - 乘法 * —— 例：result3 = 6 * 2，结果是 12
    - 除法 / —— 例：result4 = 8 / 2，结果是 4.0
  - **应用场景**
    - 加法和减法
      - 计算糖果数量 —— 例：total_candies = candies_per_box + candies_per_box
      - 减少糖果数量 —— 例：total_candies = total_candies - 1
    - 乘法和除法
      - 计算圆的面积 —— 例：area = pi * radius**2
      - 分糖果给朋友 —— 例：candies_each = total_candies / friends
  - **高级运算符**
    - 整数除法 // —— 只返回商的整数部分 / 例：9 // 2 返回 4
    - 取余操作 % —— 返回除法的余数 / 例：9 % 2 返回 1
  - **综合应用**
    - 分金币和存储多余金币 —— 例：coins_per_person = total_coins // 2 / 例：coins_in_magic_box = total_coins % 2
  - **总结**
    - 运算符用于对数据进行各种操作，如加、减、乘、除
    - 运算符可以应用在实际问题中，如计算糖果数量或圆的面积
    - 高级运算符（如整数除法和取余操作）在特定场景下非常有用

2.4　魔法之语：字符串的奥秘

　　随着小鱼和魔法师的不断探索，他们来到了一个被薄雾笼罩的湖泊。湖中央有一个小岛，岛上有一棵巨大的古树，树上挂满了闪闪发光的果实，每一个果实上都刻着一个字母或符号。

　　小鱼好奇地问："这些是什么果实？为什么每一个果实上面都有字母和符号？"

魔法师微笑地回答："这些是字符串果实，小鱼。在编程的魔法世界中，我们用字符串来表示文本信息，如单词、句子或段落。"

突然，湖泊的雾气开始旋转，形成了一个巨大的旋涡，一个水元素的守护者从中浮现出来，它的眼睛紧紧地盯着那些果实。

魔法师紧张地说："小鱼，这是湖泊的守护者，它守护着这些字符串果实。我们必须通过它的挑战，才能获得果实的力量。"

小鱼紧张地问："什么挑战？"

魔法师解释："它会给你一个句子，你需要使用字符串的魔法来找出句子中的某个词，并告诉它。"

水元素的守护者发出了深沉的声音："从下面的句子中找出'魔法'这个词，并告诉我它的位置。"

> 编程就像魔法，充满了无限的可能性。

小鱼一脸茫然地望着魔法师。

魔法师："字符串就是一串文字，可以是字母、数字、符号，甚至是一段话。字符串像编程世界里的魔法咒语，可以用来表达各种信息，我马上教你。"

1. 创建字符串

想象一下，你正在写一封神秘的信件给未来的自己。在Python中，我们可以用引号把文字包围起来，就像这样：

```
letter_to_future = "未来的我，我希望你过得很开心！"
print(letter_to_future)
```

嘿，你刚刚在编程世界里创造了一封信件，而且你的计算机可以把它展示出来！

2. 拼接字符串

有时候，你想把不同的字符串组合在一起，就像拼积木一样。在Python中，我们可以使用"+"号来拼接字符串：

```
name = "小明"
```

```
greeting = "嗨，" + name + "! 欢迎来到编程的世界！"
print(greeting)  #输出：嗨，小明！欢迎来到编程的世界！
```

这段代码用于定义一个名字，并创建一个包含该名字的问候语，然后输出这个问候语。

这段代码告诉计算机："嗨，我想对小明说句话，并欢迎他来到编程世界！"。计算机听懂了，并把字符串拼接、展示出来。

`greeting = "嗨，" + name + "! 欢迎来到编程的世界！"` 这行代码定义了一个名为 greeting 的变量，并使用字符串连接操作 "+"，将三个字符串连接起来。连接后的完整字符串 "嗨，小明！欢迎来到编程的世界！" 被赋值给了 greeting 变量。

3. 字符串的下标位置

字符串是字符的序列，每个字符在字符串中都有一个唯一的位置，这个位置被称为下标或索引。在Python中，字符串的下标是从0开始计数的。

假设我们有一个字符串 s，它的值为 "Python"，那么每个字符的下标位置如图2-5所示。

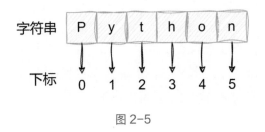

图 2-5

- 字符P的下标是0。
- 字符y的下标是1。
- 以此类推，字符n的下标是5。

你可以使用下标来访问字符串中的特定字符，例如：

```
s = "Python"
print(s[0])  # 输出：P
print(s[5])  # 输出：n
```

4. 字符串的内置方法

字符串是一种非常重要的数据类型，有多种内置方法。

（1）upper() 和 lower()

upper()将字符串中的所有字符转换为大写。

lower()将字符串中的所有字符转换为小写。

```
text = "Hello World"
print(text.upper())  # 输出: HELLO WORLD
print(text.lower())  # 输出: hello world
```

（2）find()

find()返回子字符串在字符串中首次出现的位置，如果没有找到子字符串，则返回-1。

```
text = "Python is fun"
print(text.find("fun"))  # 输出: 10
```

上面这段代码主要用于查找子字符串"fun"在字符串"Python is fun"中的起始位置。子字符串"fun"在字符串"Python is fun"中开始于下标10（下标从0开始计数）。因此，子字符串的位置为10，如图2-6所示。

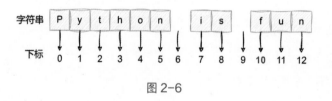

图 2-6

（3）replace()

replace()将字符串中的某个子字符串替换为另一个子字符串。

```
text = "Python is fun"
print(text.replace("fun", "awesome"))  # 输出: Python is awesome
```

这段代码将字符串"Python is fun"中的"fun"替换为"awesome"。

（4）split()

split()使用指定的分隔符，将字符串分割成多个部分，并返回一个列表。

```python
text = "apple,banana,orange"
# 使用逗号作为分隔符，将text字符串分割成一个字符串列表
fruits = text.split(",")
print(fruits)  # 输出: ['apple', 'banana', 'orange']
```

这段代码的主要目的是将一个由逗号分隔的字符串转换为一个列表，其中列表的每个元素都是一个单独的水果名称，如图2-7所示。

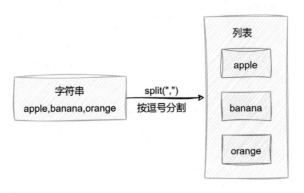

图2-7

（5）join()

join()将列表中的元素连接成一个新的字符串。

```python
fruits = ['apple', 'banana', 'orange']
# 使用"-"作为连接符，将fruits列表的每一个元素连接成一个新的字符串
text = "-".join(fruits)
print(text)  # 输出: apple-banana-orange
```

这段代码将列表fruits中的元素连接成一个新的字符串，并使用"-"作为连接符，如图2-8所示。

（6）count()

count()返回子字符串在字符串中出现的次数。

```
text = "apple apple banana apple"
print(text.count("apple"))  # 输出: 3
```

这段代码查找子字符串"apple"在字符串"apple apple banana apple"中出现的次数。

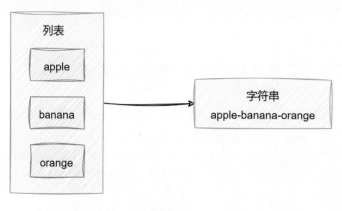

图 2-8

魔法师："怎么样，学会了吗？"

小鱼："学会了，原来字符串还有这种神奇的功能，我对字符串越来越感兴趣了。我马上回答水元素守护者刚才提出的问题。"

小鱼迅速地在笔记本电脑中输入一些代码：

```
sentence = "编程就像魔法，充满了无限的可能性。"
position = sentence.find('魔法')
print(position)  # 输出: 4
```

这段代码使用find()，查找"魔法"两个字在字符串中首次出现的位置。

运行代码后，只见在小鱼电脑的控制台输出了一个亮眼的数字4。

小鱼兴奋地说："我找到了，它的位置是4。"

随着代码的执行，湖泊的旋涡开始消散，水元素的守护者微笑地点了点头，然后慢慢地消失在湖泊中。

魔法师欣慰地说："很好，小鱼，你成功地完成了挑战。"

此时，湖泊中央的小岛上，那棵巨大的古树开始摇晃，一个闪闪发光的魔法碎片从树上落下，飘到了小鱼手中。

小鱼兴奋地拿起魔法碎片，感受它所蕴含的强大力量："这是……"

魔法师点了点头："这是你完成挑战后所获得的魔法碎片，它代表了你的成长。"

小鱼紧紧握住魔法碎片："我明白了，魔法师，字符串真的很有趣！我想要学习更多知识。"

魔法师微笑地点了点头："那就让我们继续前进吧，下一个挑战正等着我们。"

魔法·小·贴士

在Python中，字符串是由字符组成的有序集合，可以包含字母、数字、标点符号等。字符串是不可变的，这意味着你不能直接修改字符串中的某个字符，但你可以通过其他方式来创建新的字符串。字符串就像魔法的语言，让我们的程序能与外部世界沟通。掌握字符串的魔法，你的编程之旅将更加顺利、有趣！

思维导图

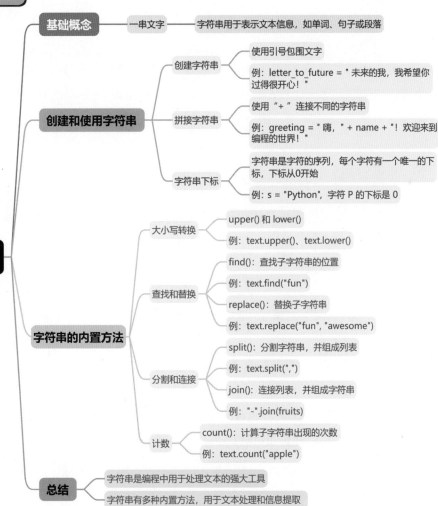

2.5 魔法宝箱：列表与元组的探险

小鱼和魔法师来到了一个古老的废弃城堡。城堡的大门上挂着一个巨大的锁，锁的旁边有一排小抽屉，每个抽屉里都有一个物品。

魔法师对小鱼说："这是一个古老的魔法大门，为了打开这扇门，我们需要正确地组合这些物品。在Python的魔法世界中，我们使用列表和元组来存储和组合多个物品。"

小鱼好奇地问："列表和元组？"

魔法师继续说："列表就像这些抽屉，你可以在其中放入任何物品，并随时添加或删除物品。元组就像一个封闭的魔法袋，一旦你放入物品，就不能再更改它。"

小鱼仔细地观察每个抽屉，然后说："我看到每个抽屉上都有一个数字，这是不是它们的位置？"

魔法师点了点头："正是如此，这是列表中的索引。每个物品在列表中都有一个唯一的位置，第一个物品从0开始计数。所以，第一个物品的索引是0，第二个物品的索引是1，以此类推。接下来让我详细给你讲讲。"

1. 创建列表

列表与元组是一种能让你组织和管理数据的超能力。想象一下，你有三个神奇魔法球。在Python中，我们可以用方括号来创建一个列表，像这样：

```python
# 创建列表
magic_balls = ['红球', '蓝球', '绿球']
# 输出列表元素
print("我有以下神奇魔法球: ", magic_balls)
```

这段代码告诉计算机：我有三个神奇魔法球，它们分别是红球、蓝球和绿球，请把它们列出来！。计算机听懂后，会把列表中的魔法球展示出来。

2.添加和删除列表元素

当你获得了新的宝物，如捡到一颗闪闪发光的宝石，可以使用append()方法把它添加到列表中：

```
magic_balls.append("闪亮宝石") # 将"闪亮宝石"添加到列表中
print("我有以下神奇魔法球: ", magic_balls)
# 输出: ['红球', '蓝球', '绿球', '闪亮宝石']
```

上面的代码告诉计算机：我捡到了一颗闪亮宝石，加入到我的魔法球列表中！计算机就会把新的宝物添加到列表末尾，如图2-9所示。

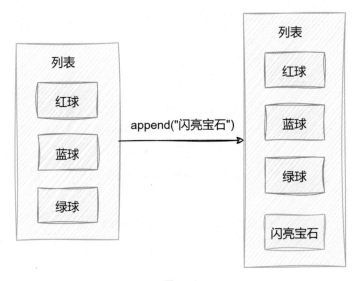

图2-9

当你觉得某个宝物已经不再神奇，可使用remove()方法把它从列表中移除，如移除列表中的红球：

```
magic_balls.remove("红球")
print("我有以下神奇魔法球: ", magic_balls)
# 输出: ['蓝球', '绿球', '闪亮宝石']
```

这段代码告诉计算机：把那个不神奇的红球从我的列表中去掉！计算机就会把红球从列表中删除。

3. 访问列表元素

每个元素在列表中都有一个唯一的位置，这个位置被称为索引。索引从0开始计数，与字符串下标位置类似，例如：

```
magic_balls=['蓝球', '绿球', '闪亮宝石']
print("第一个元素是: "+magic_balls[0]) # 输出: 蓝球
print("第二个元素是: "+magic_balls[1]) # 输出: 绿球
print("第三个元素是: "+magic_balls[2]) # 输出: 闪亮宝石
```

- 要访问第一个元素（蓝球），你可以使用 magic_balls [0]，如图2-10所示。
- 要访问第二个元素（绿球），你可以使用 magic_balls [1]，如图2-10所示。
- 要访问第三个元素（闪亮宝石），你可以使用 magic_balls [2]，如图2-10所示。

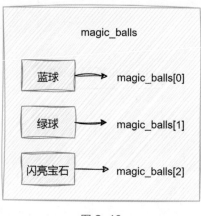

图 2-10

4. 交换列表元素位置

交换列表中两个元素的位置是常见的操作，这通常需要使用一个临时变量来完成，但在Python中，我们可以使用一个简便的方法来交换两个元素。

例如，要交换图2-10中的"蓝球"和"绿球"，你可以这样做：

```
magic_balls [0], magic_balls [1] = magic_balls [1], magic_balls [0]
```

这行代码的意思是将magic_balls [0]和magic_balls [1]的值进行交换，交换过程如图2-11所示。执行上面这行代码后，列表的内容为：

['绿球', '蓝球', '闪亮宝石']

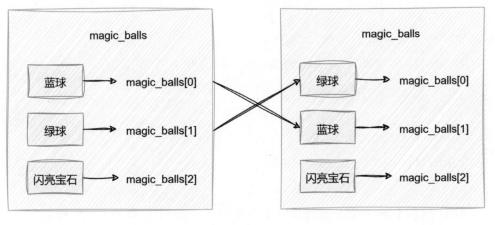

图 2-11

这种交换方法非常简便，不需要使用额外的临时变量，这是Python中的一个很实用的特性。

5. 创建元组

元组是另一种神奇的数据类型，类似于列表，但元组中的内容不可被修改。元组使用圆括号()来定义，而不使用列表的方括号[]：

```
#定义一个元组
colors = ("红", "绿", "蓝")
```

假设你要记录一场魔法比赛的得分，并且这些得分是不会改变的。你可以使用元组来记录得分：

```
scores = (98, 87, 95, 91, 100)
print("魔法比赛的得分记录: ", scores)
```

这段代码告诉计算机：这是一场魔法比赛的得分记录，分数分别为98、87、95、91和100。计算机会把这些分数展示出来。

元组的最大特点是它的不可变性。这意味着一旦创建了一个元组，就不能修改它。这与列表不同，列表是可以被修改的。

例如，以下操作在列表中是合法的，但在元组中会引发错误：

```
# 对于列表
fruits = ["苹果", "香蕉", "樱桃"]
fruits[1] = "芒果"  # 把香蕉改为芒果，这是允许的


# 对于元组
colors = ("红", "绿", "蓝")
colors[1] = "黄"  # 这会引发错误
```

colors[1] = "黄" 这行代码试图将元组colors中的第二个元素的值修改为
"黄"。由于元组不允许修改其中的值，因此这行代码执行时会引发错误，程序将抛
出异常。

6. 访问元组元素

元组虽然不能被修改，但你可以使用索引（下标）来访问其中的值，例如，你
想知道第三场比赛的得分：

```
third_score = scores[2]
print("第三场比赛的得分是: ", third_score)
```

这段代码告诉计算机：我想知道第三场比赛的得分是多少！计算机就会告诉你
正确的分数。

通过列表，你可以管理宝物，并随时添加或删除宝物；通过元组，你可以记录
不变的数据，也可以方便地查找这些数据。

听魔法师讲解完后，小鱼两眼放光。只见小鱼迅速地创建了一个列表，记录下
每个抽屉中的物品：

```
items = ["苹果", "香蕉", "樱桃", "火龙果"]
```

突然，小鱼注意到地上有一张旧纸片，上面写着：当火龙果在香蕉之前，大门
将为你打开。他意识到这是一个线索！

小鱼迅速地使用列表的元素交换魔法，来完成这个任务：

```
# 交换物品的位置，将香蕉和火龙果的位置进行交换
items[1], items[3] = items[3], items[1]
print(items)  # 输出：['苹果', '火龙果', '樱桃', '香蕉']
```

随着代码的执行，巨大的锁发出了响声，慢慢地打开了，城堡的大门也随之打开。两人走进了城堡。

当小鱼和魔法师进入城堡后，他们在一个古老的房间中发现了一个巨大的魔法盒，盒子的上方有几个凹槽。房间的另一侧有一个陈列台，上面摆放着各种形状的魔法物品。

魔法师解释说："这个魔法盒是古代魔法师用来存储强大魔法的地方。为了保护魔法，他们设计了一个谜题。我们需要从陈列台上选择正确的物品，并按照特定的顺序放入魔法盒的凹槽中，才能解锁盒子，并获得里面的魔法。"

小鱼注意到陈列台上的物品与魔法盒的凹槽大小都能匹配，但他不确定应该如何对这些物品进行选择和排序。这时，他想到了可以使用列表和元组。

小鱼迅速地创建了一个列表，记录下了他认为应该放入魔法盒中的物品：

```
# 创建一个列表
items_to_use = ["红宝石", "钥匙", "绿宝石戒指", "金币"]
```

为了确定物品如何排序，小鱼继续在房间中寻找线索。这时，小鱼注意到墙上有一幅古老的壁画，壁画上描绘了四个物品：一个金币、一把钥匙、一个红宝石和一个绿宝石戒指。这四个物品与陈列台上的物品完全匹配。更为重要的是，壁画的下方有一段古老的魔法歌谣：

银光闪烁的匙，首先照亮了路；

红宝石的火焰，紧随其后；

金币的光芒，为你指明方向；

绿宝石的戒指，守护着最后的希望。

小鱼仔细研究这段歌谣，并迅速地意识到这是解开魔法盒之谜的关键。歌谣中描述的物品顺序与他最初的想法是不同的。

他迅速地调整了物品的顺序：

```
# 根据魔法歌谣调整物品的顺序
items_to_use[0], items_to_use[1] = items_to_use[1], items_to_use[0]
items_to_use[2], items_to_use[3] = items_to_use[3], items_to_use[2]
```

这段代码将红宝石和钥匙的位置进行交换，并交换绿宝石戒指和金币的位置。

为了确保物品的顺序不会被打乱，小鱼使用tuple()方法，将列表items_to_use转换为一个元组，以此来确定物品的顺序不会被改变：

```
# 创建一个元组，确定物品的顺序
final_order = tuple(items_to_use)
print(final_order) #输出: ('钥匙', '红宝石', '金币', '绿宝石戒指')
```

小鱼按照这个顺序，将物品放入魔法盒的凹槽中。随着最后一个物品的放入，魔法盒发出了一道光芒，然后缓缓打开，里面的光芒逐渐散去，小鱼和魔法师看到了一个闪闪发光的魔法碎片，它散发出温暖的光芒，仿佛有生命一般。小鱼小心翼翼地拿起魔法碎片，感受到了一股强大的魔法力量。

魔法师微笑地说："这是一个非常古老的魔法碎片，它拥有强大的魔法能量。你成功地解开了魔法盒的谜题，证明你已经掌握了列表和元组的知识，这个魔法碎片是你的奖励。"

小鱼高兴地说："谢谢你，魔法师！我会继续努力，学习更多的编程知识。"

魔法师点点头："你做得很好，小鱼。前方还有更多的挑战等着你。"

小鱼充满信心地说："我不怕，我会继续努力学习编程知识，收集所有的魔法碎片。"

魔法师微笑地看着小鱼："我相信你，小鱼。现在，让我们继续前进，继续探索魔法世界。"

魔法小·贴士

列表和元组是Python中的有序集合，允许我们存储和组织多个数据项。列表是可变的，这意味着我们可以添加、删除或修改其内容。元组是不可变的，一旦创建就不能更改元组的内容。当对列表进行操作时，要注意其可变性。任何对列表的修改都会直接影响原始列表。在选择使用列表还是元组时，需要考虑数据是否需要经常更改，以及对数据的具体需求。掌握列表和元组，你将能更有效地组织和处理数据！

思维导图

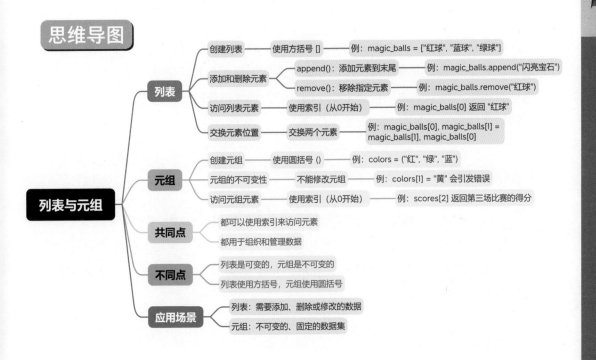

2.6 古老的密码机：字典的魔法

小鱼和魔法师来到了一个神秘的石室门口，门口摆放着一台奇形怪状的机器。机器上面布满了岁月的痕迹和斑驳的苔藓，给人一种古老而神秘的感觉，仿佛它蕴藏着无尽的魔法力量，等待着有缘人来解锁。

魔法师指着机器说："这是一个古老的魔法密码机，只有解锁它才能打开石室的大门。"

小鱼仔细观察密码机，发现上面有三行提示文字：

天空中最亮的

夜晚的守护者

白天的主宰

他猜测这些文字可能是解开密码机密码的关键。

魔法师点点头："没错，这个密码机的密码是由多个键值对组成的。你需要找到正确的键值对，然后用字典的魔法将它们组合起来，才能解锁密码机。"

小鱼疑惑的问："字典的魔法？"

魔法师："是的，接下来我给你讲讲字典。"

字典在编程的魔法世界中扮演着非常重要的角色，它不仅仅是一个存储数据的容器，更是一个能快速查找、修改和删除数据的强大工具。想象一下，你有一个巨大的宝物箱，每个宝物都有一个唯一的标签，你可以通过这个标签迅速找到对应的宝物，这就是字典的魔法所在。

1. 创建字典

在Python中，字典是一个无序的数据集合，使用键值对进行数据存储。

字典的创建非常简单。与列表使用方括号 [] 不同，字典使用大括号 {}。在字典中，数据是以键值对的形式进行存储的。每个键都与一个值相关联，键和值之间用冒号分隔，例如：

```python
# 创建一个空字典
empty_dict = {}


# 创建一个简单的字典
my_dict = {
    "name": "小鱼",
    "age": 15,
    "magic_skill": "Python"
}
```

在上面的代码中，name、age 和 magic_skill 都是键，小鱼、15 和 Python 是与这些键对应的值。字典my_dict为我们提供了关于小鱼的信息：小鱼的名字、年龄和魔法技能。

2. 访问字典中的值

要访问字典中的值，可以使用与列表和元组相似的索引方法。与列表不同，我们使用键来访问字典中的值，而不是使用索引：

```python
# 使用键 name 获取值
name = my_dict["name"]
print(name) # 结果是 小鱼
```

这样，即使你不知道数据在字典中的位置，也可以迅速找到它。

3. 修改字典

字典是动态可变的，这意味着你可以随时更改、添加或删除键值对。如果你知道某个键，则可以直接使用这个键修改其对应的值：

```
# 修改键 age 的值
my_dict["age"] = 16  # 小鱼长大了一岁
```

4. 添加新的键值对

字典的灵活性使我们可以随时向其中添加新的数据。与修改现有的键值对类似，你可以直接为字典分配一个新的键和值，即使这个键之前在字典中并不存在：

```
# 添加新的键值对
my_dict["hobby"] = "冒险"
```

5. 删除键值对

有时，我们可能不再需要某个键值对，可以使用 del 语句进行删除：

```
# 删除键 hobby 及其值
del my_dict["hobby"]
```

6. 字典的常用方法

Python为字典提供了一系列内置方法，可以帮助我们更高效地处理数据，使操作字典变得更加简单。

例如，你可以获取字典中所有的键、值或键值对：

```
# 获取所有的键
all_keys = my_dict.keys()
print(all_keys) # 输出: ['name', 'age', 'magic_skill']
```

```
# 获取所有的值
all_values = my_dict.values()
print(all_values) # 输出: ['小鱼', 16, 'Python']

# 获取所有的键值对
all_items = my_dict.items()
print(all_items) # 输出: [('name', '小鱼'), ('age', 16), ('magic_skill',
'Python')]
```

这段代码使用字典的keys()方法，获取my_dict中的所有键。keys()方法返回一个特殊的视图对象all_keys，它会动态地显示字典的键。这意味着如果在后续的代码中修改了my_dict，all_keys会自动更新这些更改。视图对象可以被转换为列表或其他集合，通常在迭代循环中可以直接使用视图对象。

同时，这段代码使用了字典的values()方法来获取my_dict中的所有值。与keys()方法类似，values()方法也返回一个动态的视图对象，会显示字典的当前值。如果字典被修改，则这个视图对象也会自动更新。

此外，这段代码使用了字典的items()方法，获取my_dict中的所有键值对。此方法返回一个视图对象，其中每一项都是一个键值对，表示为一个元组，其中第一个元素是键，第二个元素是值。这使我们可以在一个循环中同时迭代键和值，如使用for循环（关于循环，后续将详细讲解）：

```
for key, value in my_dict.items():
```

同样地，这个视图对象也是动态的，如果my_dict被修改，则all_items会自动更新。

7. 检查键是否存在

在使用字典时，通常需要检查某个键是否存在于字典中，以避免错误。Python提供了一个简单的方法检查键是否存在，即使用关键字 in 来检查键是否存在于字典中：

```
# 检查 name 是否是 my_dict 的一个键
is_name_present = "name" in my_dict
```

```
print(is_name_present) # 结果是 True
```

8. 获取字典的长度

你可能想知道一个字典中有多少个键值对。与列表和字符串类似，使用Python 的 len() 函数可以迅速得到这个信息：

```
# 获取字典my_dict 的长度，即键值对的数量
dict_length = len(my_dict)
print(dict_length) # 结果是 3
```

9. 嵌套的字典

字典的值可以是任何数据类型，甚至可以是一个字典，这为数据提供了灵活性。

在某些情况下，一个键可能需要与多个值相关联，而不仅仅关联一个值。在这种情况下，你可以使用字典来存储这些值，这样，字典中的一个键就会关联到另一个字典，形成嵌套字典。

```
# 创建一个嵌套字典
users = {
    "小鱼": {
        "age": 10,
        "magic_skill": "Python"
    },
    "魔法师": {
        "age": 100,
        "magic_skill": "All"
    }
}

# 访问嵌套字典中的值
magic_skill = users["小鱼"]["magic_skill"]
print(magic_skill) # 结果是 Python
```

这段代码首先定义了一个名为users的变量，并为该变量分配了一个包含两个键值对的字典。这个字典的特点是值也是字典。

- 在第一个键值对中，"小鱼"是外部字典的键，而其关联的值是另一个字典，这个内部字典包含了两个键值对："age": 10和"magic_skill": "Python"。这表示小鱼的年龄是10岁，她的魔法技能是"Python"。
- 在第二个键值对中，"魔法师"是外部字典的键，而其关联的值也是一个字典，这个内部字典包含了两个键值对："age": 100和"magic_skill": "All"。这表示魔法师的年龄是100岁，他的魔法技能是"所有技能"。

我们可以从嵌套字典中访问特定的值。使用users["小鱼"]来访问外部字典中键为"小鱼"的值，这会返回一个内部字典。接着使用["magic_skill"]来访问这个内部字典中键为magic_skill的值。因此，整个表达式的结果是字符串Python，这个值被赋给了变量magic_skill。

小鱼学完字典的知识后，再次看了一下密码机上的提示文字：

天空中最亮的
夜晚的守护者
白天的主宰

小鱼心想，这跟字典有什么关系呢？如何把这三句话跟字典联系起来呢？

正当小鱼一筹莫展的时候，魔法师说："小鱼，你再回顾一下字典的特点，字典使用键值对进行数据存储，每个键对应一个值。"

"可是这里没有键值对，只有三句话啊。"小鱼依然感到迷茫。他再次将这三句话读了一篇，突然眼睛一亮，他发现这三句话其实并不完整。他立马在自己的笔记本中写下了以下三句话：

星星是天空中最亮的
月亮是夜晚的守护者
太阳是白天的主宰

接着小鱼使用Python程序将这三句话存储在字典中：

```
symbols_dict = {
```

```
    "星星": "天空中最亮的",
    "月亮": "夜晚的守护者",
    "太阳": "白天的主宰"
}
```

这时，伴随着石头移动的声音，石室的大门缓缓打开。小鱼非常兴奋，他成功使用字典的知识，解锁了古老的密码机，并成功打开进入石室的大门。

魔法小贴士

字典是Python中非常强大的数据结构，允许我们存储键值对，使我们能快速查找、添加、修改或删除数据。随着学习的深入，你会发现字典在数据处理、算法设计等领域都有广泛的应用。掌握字典的使用是成为Python高手非常关键的一步。在使用字典时，需要注意：

- 字典中的键必须是唯一的，不能有重复。
- 字典中的键是不可变的，这意味着你可以使用数字、字符串或元组作为字典的键，但不能使用列表。
- 尽管字典的键是不可变的，但字典的值可以是任何类型的数据，包括数字、字符串、列表、其他字典。
- 字典是无序的，这意味着添加键值对的顺序并不保证在后续的访问中仍然是这个顺序。但从Python 3.7开始，字典会保持插入顺序，这意味着当你遍历字典时，键值对会按照它们被添加到字典中的顺序返回内容。

2.7　与魔法石对话：解锁声音的密码

小鱼和魔法师小心翼翼地进入神秘的石室。石室中央有一块巨大的魔法石，石头上刻有古老的符文，更为特别的是，石头周围飘浮着一圈微弱的光环。

小鱼走近魔法石，突然听到了一个微弱的声音："想要通过石室，就必须回答我的问题，否则你们将被困在这里。"

小鱼吃了一惊，回头看向石室大门，发现石室大门已经关闭。小鱼看向魔法师，魔法师微笑地说："这是古老的魔法石，你可以与它对话，但需要使用特定的魔法技巧。"

小鱼好奇地问："什么魔法技巧？"

魔法师指了指石室的一角，那里有一本古老的魔法书《与机器对话的艺术》。

魔法师说："在编程的世界里，我们使用input()这个魔法咒语与机器对话。你可以先看看这本书，学习一下input()的用法。"

小鱼翻开书学了起来。

1. 基本用法

input() 是 Python 中的一个内置函数，用于从用户那里获取输入。当这个函数被调用时，会暂停程序，并等待用户进行输入。用户输入完毕后按下 Enter 键，input() 会返回用户输入的内容。input()的基本用法为：

```
user_input = input()
```

当你运行上面的代码时，程序会等待你输入内容。输入完内容后按 Enter 键，你输入的任何内容都会被赋值给 user_input 变量。

2. 带提示的输入

你可以为 input() 提供一句话，这句话会作为提示信息显示给用户：

```
name = input("请输入你的名字: ")
print("你好, " + name + "!")
```

这段代码主要用于获取用户的输入，并输出问候语。

- input() 是Python的内置函数，用于从标准输入（通常是键盘）读取一行文本。
- 用户可以在此处输入他们的名字，然后按Enter键。
- 输入的文本（即用户的名字）将被赋值给变量 name。

当运行上面的代码时，控制台会提示"请输入你的名字："，在输入你的名字后按 Enter 键，程序会打印如图2-12所示的内容。

图 2-12

想象一下，你是一名魔法学徒，你要告诉计算机你的魔法名字：

```python
wizard_name = input("嗨，魔法学徒! 告诉我你的魔法名字: ")
print("你好, ", wizard_name, "! 欢迎加入魔法世界! ")
```

当你运行这段代码时，计算机会显示一条消息："嗨，魔法学徒! 告诉我你的魔法名字: "。在屏幕上输入你的名字后，按 Enter 键，计算机会用你的名字与你进行对话，如图2-13所示。

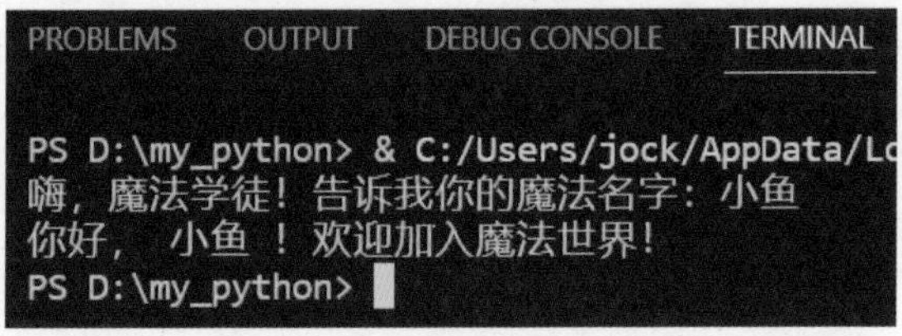

图 2-13

3. 连续输入

你可以在程序中多次使用 input() 函数，从而获取多个输入值：

```python
name = input("请输入你的名字: ")
family_name = input("请输入你的姓氏: ")
print("你的全名是: ", family_name + name)
```

这段代码的主要目的是获取用户输入的名字和姓氏，并将它们连接起来，然后输出用户的全名。

（1）name = input(" 请输入你的名字: ")
- 当执行这行代码时，程序会显示文本"请输入你的名字: "，并等待用户输入。

- 用户可以在此处输入他们的名字，然后按Enter键。
- 输入的文本（即用户的名字）将被赋值给变量 name。

（2）family_name = input(" 请输入你的姓氏: ")

- 同样，这行代码会显示文本"请输入你的姓氏："，并等待用户输入。
- 用户可以在此处输入他们的姓氏，然后按Enter键。
- 输入的文本（即用户的姓氏）将被赋值给变量 family_name。

（3）print(" 你的全名是: ", family_name + name)

- print() 是Python的内置函数，用于在标准输出（通常是屏幕）上显示文本。
- 这里使用字符串的连接操作，将 family_name 和 name 连接起来。

上述代码的运行结果如图2-14所示。

图 2-14

4. 魔法互动

让我们来编写一个小游戏，通过输入魔法指令，让计算机回答你的问题。例如，你可以问计算机今天的天气如何，计算机会以神秘的方式回答你：

```
magic_question = input("请输入一个问题: ")
magic_answer = "我已经很久没有出去过了，不太清楚呢。"
print(magic_answer)
```

在这个游戏里，你输入问题，计算机会用预先准备好的答案回应你。这就像是在与计算机进行一场神秘的魔法互动！上述代码的运行结果如图2-15所示。

PROBLEMS
OUTPUT
DEBUG CONSOLE
TERMINAL
PS D:\my_python> & C:/Users/jock/AppData/Loc
请输入一个问题：请问魔法师，今天的天气如何？
我已经很久没有出去过了，不太清楚呢。
PS D:\my_python>

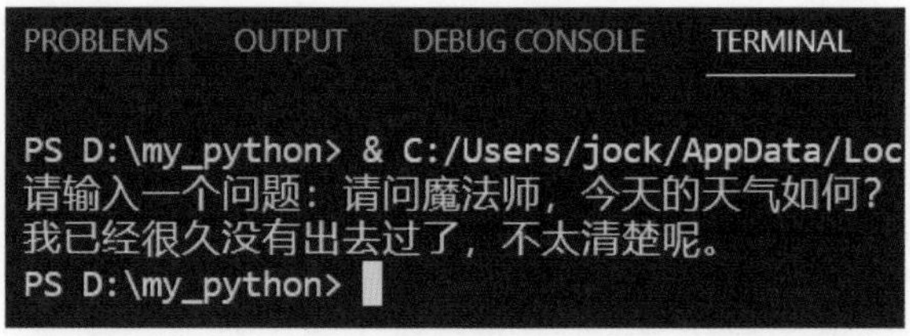

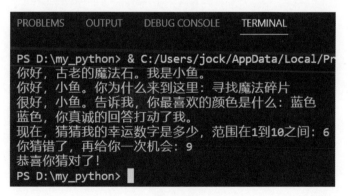

图 2-15

总之，input() 是一个非常有用的函数，它允许计算机与用户互动，获取用户的输入。

学习input()后，小鱼深吸了一口气，然后开始与魔法石进行对话：

```
print("你好，古老的魔法石。我是小鱼。")
stone_name = input("你好，小鱼。你为什么来到这里：")
favorite_color = input("很好，小鱼。告诉我，你最喜欢的颜色是什么：")
print(favorite_color+"，你真诚的回答打动了我。")
input("现在，猜猜我的幸运数字是多少，范围在1到10之间：")
input("你猜错了，再给你一次机会：")
print("恭喜你猜对了！")
```

上述代码的运行结果如图2-16所示。

PROBLEMS
OUTPUT
DEBUG CONSOLE
TERMINAL
PS D:\my_python> & C:/Users/jock/AppData/Local/Pr
你好，古老的魔法石。我是小鱼。
你好，小鱼。你为什么来到这里：寻找魔法碎片
很好，小鱼。告诉我，你最喜欢的颜色是什么：蓝色
蓝色，你真诚的回答打动了我。
现在，猜猜我的幸运数字是多少，范围在1到10之间：6
你猜错了，再给你一次机会：9
恭喜你猜对了！
PS D:\my_python>

图 2-16

小鱼按照魔法石的提示，一步步回答了问题，每次回答都伴随着紧张和期待。最终，他成功打动了魔法石，魔法石的光芒变得更加明亮，石室的大门缓缓打开。

小鱼松了一口气。

魔法师微笑地拍了拍小鱼的肩膀："你做得很好，小鱼。你已经掌握了与机器

对话的基本技巧，这将是你编程之旅的重要基石。前方还有更多的挑战等待你，你准备好了吗？"

小鱼充满信心地说："我准备好了，魔法师。无论前方有多少挑战，我都不会放弃。"

两人继续深入城堡，开始了新的冒险。

2.8 【魔法实践】魔法宝物的秘密

在魔法森林的深处，隐藏着各种神奇的魔法宝物。每个宝物都有自己的特性和价值。现在，你需要编写一个程序，管理和展示你在冒险中收集到的魔法宝物！

任务一 创建一个变量 magic_stone，存储你最喜欢的魔法石的名字。

任务二 创建一个列表 treasure_box，存储你在冒险中收集到的魔法宝物的名字，如"金币""魔法草药""神秘卷轴"。使用索引（下标）访问并输出列表中的第一个和最后一个宝物。

任务三 使用 print 魔法，输出魔法石的名字，并描述它的特性，如：

> 我最珍贵的魔法石是 [魔法石的名字]，它可以发光！

第3章
条件和循环的乐趣

剧情预告

　　当小鱼掌握编程的基础魔法后，他即将踏入一个更为神奇的领域——条件与循环的迷宫。在本章中，小鱼将体验到编程的真正魔力，那就是通过简单的逻辑和规则，使程序能做出智能的决策和重复的动作。

　　这并不是一个简单的旅程。小鱼将面临各种挑战，这些挑战不仅考验小鱼的编程技巧，更将锻炼他的逻辑思维和创造力。

　　在本章中，你将跟随小鱼一同探索条件与循环的无尽乐趣，体验编程的魅力，体会通过代码控制程序的成就感。当你成功走出这个迷宫时，不仅会更加自信，而且会对编程有更深入的理解。

3.1 迷宫的十字路口：条件与分支

小鱼和魔法师来到一个巨大的迷宫。这个迷宫似乎是由无数路口组成的，每个路口都有一个标志，上面写着一些条件，只有满足这些条件的人才能走进下一个区域。

魔法师看着小鱼说："小鱼，这个迷宫是一个条件与分支的测试。在编程中，我们经常需要根据某些条件来决定程序的执行路径，这就是所谓的条件语句。"

小鱼好奇地问："条件语句是什么意思？"

魔法师微微一笑，然后说："小鱼，你是否曾经遇到过需要做决策的时候？例如，如果天气晴朗，则你可能会选择出去玩；如果下雨，则你可能会选择在家里读书。在编程的世界里，我们也有这样的决策工具，它叫作条件语句。"

小鱼似懂非懂地挠了挠头。

魔法师继续说："条件语句是一种可以让计算机根据情况做出不同决策的魔法，它就像一个魔法的路口，你可以根据某个条件，选择走向不同的道路。这个选择的过程，其实就是计算机根据条件决定执行哪一段代码。想象一下，你是一名魔法学徒，正站在一扇神秘的大门前。你不知道门后面有什么，但你可以使用Python的条件语句做出决策，选择要不要打开门。"

魔法师一边说着，一边拿出纸笔，画出一个简单的条件语句执行流程图，如图3-1所示。

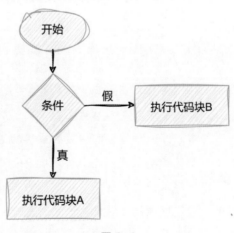

图3-1

首先，计算机会检查判断条件。如果这个条件为真，则计算机会执行代码块A；如果这个条件为假，则计算机会执行代码块B，这就是条件语句的神奇之处，它允许我们根据不同的情况执行不同的操作。

在Python中，我们使用if、elif和else这三个魔法词来创建条件语句。这允许我们根据某些条件执行不同的代码块，例如：

```python
if 天气 == '晴朗':
    出去玩() # 代码块A
else:
    在家读书() # 代码块B
```

这段魔法代码会检查天气是否晴朗。如果天气晴朗，则执行"出去玩()"这个方法，否则，执行"在家读书()"这个方法。

魔法师："小鱼，你看，编程就像施展魔法一样，只不过我们使用的是代码而不是魔杖。但无论如何，逻辑和创造力都是最重要的。"

小鱼兴奋地说："这太神奇了，魔法师，再给我详细讲讲吧。"

1. 代码的缩进规则

Python中的缩进规则是其语法中重要的特色。很多编程语言使用花括号 {} 来定义代码块，而Python使用缩进来达到这个目的。

（1）缩进的开始

在Python中，冒号表示一个新的缩进级别的开始。if 和 else 语句后的冒号表示接下来的代码需要缩进。

（2）缩进的一致性

一旦开始缩进，必须保持缩进的一致性。也就是说，如果你使用四个空格作为缩进，那么整个代码块都必须使用四个空格进行缩进。

在上述代码中，"出去玩()"和"在家读书()"在同一缩进级别下。同理，if 和 else 语句也在同一缩进级别下。

（3）代码块的结束

当你返回之前的缩进级别时，这意味着当前的代码块已经结束。在上述代码中，"else:"之后的缩进表示 if 语句已经结束，现在我们正在定义 else 语句。

（4）缩进的空格数

Python没有强制要求使用特定数量的空格进行缩进，但PEP8（Python的官方风格指南）建议使用4个空格进行缩进。重要的是，你选择的空格数应该在整个项目中保持一致。

（5）不要混合使用空格和制表符

为了避免混淆，你不应该在同一个项目或同一个文件中混合使用空格和制表符（Tab）进行缩进。PEP8建议只使用空格进行缩进。

（6）嵌套的缩进

如果你有嵌套的控制结构，如 if 语句内嵌套 if 语句，每个新的嵌套级别都应该增加一个新的缩进级别。

在Python中，正确的缩进是非常重要的，因为缩进定义了代码的结构和逻辑流程。不正确的缩进会导致语法错误或逻辑错误。

2. 基础条件语句

```python
weather = input("今天的天气如何？ ")  # 获取用户输入的天气情况
# 使用条件语句判断天气情况
if weather == "晴朗":
    print("今天是一个好天气，我们可以出去玩！ ")
elif weather == "下雨":
    print("最好带把伞，不然会淋湿。")
else:
    print("我不确定今天的天气如何，最好查一下天气预报。")
```

这段代码根据用户输入的天气，执行不同的代码块。

解 析

- weather = input("今天的天气如何？ ")：使用Python的input()函数，获取用户的输入。执行该函数后，会显示括号内的字符串作为提示，并等待用户输入。用户输入的内容将被赋值给weather这个变量。
- if weather == "晴朗"：这是一个条件语句的开始，它检查weather变量的值是否为"晴朗"。

- print("今天是一个好天气，我们可以出去玩！")：如果满足上面的条件，即天气是晴朗的，则这行代码会被执行，输出相应的建议。
- elif weather == "下雨"：elif是"else if"的缩写，表示另一个条件。这里，elif检查weather变量的值是否为"下雨"。
- print("最好带把伞，不然会淋湿。")：如果天气是下雨，则这行代码会被执行，并给出带伞的建议。
- else：如果上面的所有条件都不满足，则else后面的代码块会被执行。
- print("我不确定今天的天气如何，最好查一下天气预报。")：如果用户输入的天气既不是"晴朗"也不是"下雨"，则程序会提示用户查看天气预报。

运行上面这段代码，在控制台输入"下雨"后按 Enter键，结果如图3-2所示。

图 3-2

下面介绍一个例子。假设你正在探险，前方有两条路，一条通往森林，一条通往海滩，你可以使用条件语句来决定要走哪条路：

```python
jchoice = input("你要走向森林还是海滩？") # 获取用户输入
# 使用条件语句判断
if choice == "森林":
    print("你走进了神秘的森林，准备开始探险！")
elif choice == "海滩":
    print("你来到了美丽的海滩，可以尽情玩耍！")
else:
    print("不要犹豫，做出选择吧！")
```

这段代码首先询问用户"你要走向森林还是海滩？"，如果用户输入"森林"，则提示用户"你走进了神秘的森林，准备开始探险！"；如果用户输入"海滩"，则提示用户"你来到了美丽的海滩，可以尽情玩耍！"；否则提示用户"不要犹豫，做出选择吧！"。计算机会根据用户的输入内容，给出不同的回应。

3. 多重条件语句

现在，假设你的前方有三扇门，每扇门都通向不同的地方。你可以使用多重条件语句，做出更复杂的选择：

```python
# 提示用户输入1、2或3进行选择
door = input("你要选择哪扇门？（1/2/3）")
if door == "1":
    print("你进入了宝藏房间，找到了无数的宝物！")
elif door == "2":
    print("你进入了飞龙洞穴，与友善的飞龙成为了朋友！")
elif door == "3":
    print("你进入了时空之门，穿越到了古代的魔法世界！")
else:
    print("你敲了敲一扇虚幻的门，却没有反应。")
```

如果你选择了1号门，则计算机会告诉你找到了宝物。如果你选择了2号门，则计算机会告诉你与一只友善的飞龙成为了朋友。如果你选择了3号门，则计算机会告诉你穿越到了古代的魔法世界。如果你没有做出选择，则计算机会提醒你敲的门是虚幻的。"

小鱼试着理解："所以，如果if后面的条件是真的话，则会执行下面的代码。如果if后面的条件不是真的，则会检查elif后面的条件，如果都不符合条件，则会执行else下面的代码。"

魔法师点了点头："没错，小鱼，你很快就理解了。"

小鱼看着迷宫的第一个十字路口，上面写着："如果你知道Python是什么，则走左边，否则走右边。"

小鱼选择了左边。突然，一个巨大的火焰幽灵出现在他们面前。火焰幽灵说："只有解答我的问题，你们才能继续前进。"

小鱼紧张地问："你的问题是什么？"

火焰幽灵说："我会给你一个数字，你需要告诉我这个数字是否是偶数。"

小鱼迅速写下了代码：

```
    number = int(input("请输入你的数字: "))    # 获取用户输入的数字，并将其转换为
整数
    if number % 2 == 0:  # 判断数字是否为偶数
        print("这是一个偶数")
    else:
        print("这是一个奇数")
```

这段代码提示用户输入一个数字，并判断用户输入的数字是否是偶数。如果是偶数，则输出"这是一个偶数"，否则输出"这是一个奇数"。

◆ 解 析

- number = int(input("请输入你的数字: "))：使用Python的input()函数获取用户的输入，该函数使用括号内的字符串作为提示，并等待用户输入。用户输入的内容默认是字符串类型。为了进行数学运算，我们需要将字符串转换为数字。这里，我们使用int()函数将字符串转换为整数，并将结果赋值给number变量。
- if number % 2 == 0：这是一个条件语句的开始。%是取余操作符，会返回两数相除的余数。例如，5 % 2的结果是1。"number % 2 == 0"这个条件检查number除以2的余数是否为0。如果余数为0，则这个数字是偶数。
- print("这是一个偶数。")：如果满足上面的条件，即数字是偶数，则会执行这行代码，并输出相应的信息。
- else：如果不满足上面的条件，则else后面的代码块会被执行。
- print("这是一个奇数。")：如果数字不是偶数，即该数字是奇数，则会执行这行代码，并输出相应的信息。

火焰幽灵满意地点了点头，然后消失了。

接下来，他们遇到了一个水晶墙，这个水晶墙挡住了他们的去路，墙上写着"字符串Magic crystal wall的长度超过10，走左边；否则走右边。"。

小鱼思考了一下，然后写下了代码：

```
# 定义字符串
word = "Magic crystal wall"
# 判断字符串的长度是否超过10
```

```
if len(word) > 10:
    print("字符串的长度超过10。走左边。")
else:
    print("字符串的长度不超过10。走右边。")
```

这段代码使用len()函数获取一个字符串的长度，并判断该字符串的长度是否大于10。

运行这段代码后，控制台会输出"字符串的长度超过10。走左边。"。

因此他们继续向左前行。随后，他们遇到一个金色的宝箱，上面有一个提示：请帮我确定列表["香蕉", "橘子", "苹果", "葡萄"]中的第三个元素是不是"苹果"。

小鱼再次编写了代码：

```
fruits = ["香蕉", "橘子", "苹果", "葡萄"]  # 创建一个水果列表

if fruits[2] == "苹果":  # 判断列表的第三个元素是否为"苹果"
    print("是苹果！")
else:
    print("不是苹果。")
```

上面这段代码通过使用fruits[2]选择列表的第三个元素，然后使用if语句判断元素的值。

运行这段代码后，控制台输出了"是苹果！"。

随着程序的运行，宝箱缓缓打开了，里面放着一块魔法碎片。

魔法师微笑地说："恭喜你，小鱼。你已经掌握了条件与分支的魔法，这将是你编程之旅的又一个重要的里程碑。"

小鱼高兴地拿起魔法碎片，他知道，他离成为真正的魔法师又近了一步。

"这些障碍和谜题都是为了测试你的编程知识和逻辑思维。"魔法师解释说，"在编程的世界里，我们经常会遇到各种问题和挑战，但只要我们掌握了正确的工具和方法，就能轻松地解决这些问题和挑战。"

小鱼点了点头，他深深地感受到了编程的魔法和乐趣。他决定继续学习，掌握更多的编程知识，成为一个真正的魔法师。

魔法师看着小鱼的眼神，知道他已经被编程的魔法所深深吸引。魔法师微笑地说："小鱼，前面还有更多的冒险等着你呢，你可不能骄傲啊。"

小鱼坚定地点了点头。两人继续深入迷宫，前往下一个冒险之地。

魔法·小·贴士

条件与分支是编程中的基础概念，允许我们根据不同的情况执行不同的代码。条件与分支可以使程序更加智能和灵活，能对各种情况做出响应。

- 当编写条件语句时，请确保条件是明确和完整的，以避免逻辑错误。
- 使用适当的缩进来清晰地表示代码块的层次结构。
- 在使用多个条件时，考虑它们的执行顺序，确保代码按预期工作。

在编程的迷宫中，条件与分支就像为我们指引方向的路标。通过条件与分支，我们可以决定哪条路是最佳的选择，条件与分支使我们的魔法之旅更加顺畅和有趣！

思维导图

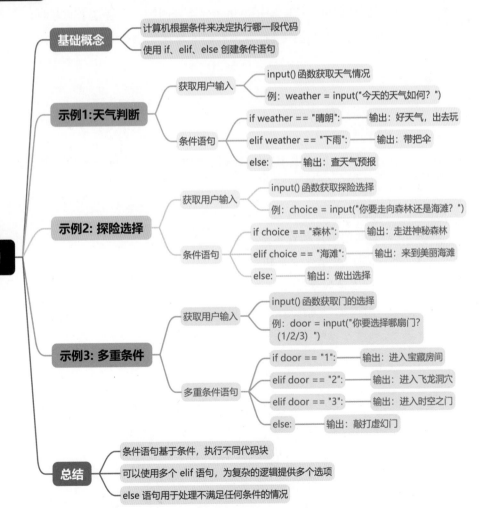

3.2 水晶迷宫的试炼：比较和逻辑运算

小鱼和魔法师继续他们的迷宫冒险。在迷宫中，每隔一段距离就有一个水晶门，每个水晶门前都有一个神秘的水晶球，上面闪烁着文字提示。

魔法师紧张地说："小鱼，这个迷宫非常特殊。每扇水晶门后面都有一个守卫者，只有解答正确，门才会打开，我们才能安全通过。否则，守卫者会出现，我们将被困在这里。"

小鱼紧握魔法师的手，他知道这是一个绝佳的学习机会，同时也是一个巨大的挑战。

他们来到了第一扇水晶门前，水晶球上显示"5是否大于3"。

小鱼有点不解地说："这个太简单了，5当然大于3。"

魔法师说："小鱼，你需要用Python程序来回答。回答这个问题时，需要用到比较运算，这是一种可以让你进行各种有趣的对比和决策的魔法。现在，让我来教你这种全新的魔法。"

1. 魔法对比：比较运算

在编程世界里，你可以使用比较运算符对不同的值进行对比，并判断它们的关系。让我们来认识一下这些神奇的运算符。

- ==：判断两个值是否相等。
- !=：判断两个值是否不相等。
- <：判断左边的值是否小于右边的值。
- >：判断左边的值是否大于右边的值。
- <=：判断左边的值是否小于或等于右边的值。
- >=：判断左边的值是否大于或等于右边的值。

想象一下，你是一名魔法侦探，需要解锁神秘的宝箱。你可以使用Python的比较运算判断密码是否正确。假设你要解锁一个密码保险箱，密码是1234。你可以使用比较运算符检查用户输入的密码是否正确：

```
# 提示用户输入密码
user_input = input("请输入密码：")


# 判断用户输入的密码是否等于1234
if user_input == "1234":
    print("神秘的宝箱已解锁，你发现了无数的宝物！")
else:
    print("密码错误，宝箱仍然紧闭着。")
```

上面这段代码告诉计算机这些信息：请用户输入密码，如果输入的密码与正确的密码相等，则告诉用户宝箱已解锁，可以找到宝物；如果密码错误，则告诉用户宝箱仍然紧闭。计算机会根据用户输入的密码给出不同的回应。

2. 逻辑运算

有时候，你需要对多个条件进行判断。例如，你想判断一个数字是否既大于10又小于20。这时，你可以使用逻辑运算符组合多个条件，进行更复杂的判断：

- and：当多个条件都为真时，结果为真。
- or：当多个条件中至少有一个为真时，结果为真。
- not：将真变为假，将假变为真。

想象一下，你是一名魔法探险家，前方有一座桥，桥上有一只巨大的野兽。你需要判断是否可以安全通过桥，能安全通过桥的条件是"野兽不凶猛，桥不摇晃"。代码如下：

```
# 野兽不凶猛
ferocious_beast = False
# 桥不摇晃
shaky_bridge = False
if not (ferocious_beast or shaky_bridge):
    print("你安全地通过了桥，继续前进！")
else:
    print("危险，你无法通过桥。")
```

这段代码会进行这样的判断：如果野兽不凶猛，并且桥不摇晃，则你可以安全地通过桥；否则，你会遇到危险。

这段代码中，有两个魔法变量：

- ferocious_beast：这个变量告诉我们野兽是否凶猛。False意味着野兽不凶猛。
- shaky_bridge：这个变量告诉我们桥是否摇晃。False意味着桥是稳固的。

接下来，我们使用一个条件魔法语句，判断是否可以安全通过桥。

这里的魔法咒语 not (ferocious_beast or shaky_bridge) 检查了两件事情：

- 野兽是否凶猛。
- 桥是否摇晃。

or这个魔法词表示只要其中一个条件是True，整个表达式就为True。但由于我们在前面加了一个not魔法词，所以这个条件实际上是检查两个条件是否都是False。

如果两个条件都是False，即没有凶猛的野兽，且桥是稳固的，则冒险者就会看到这条信息：

你安全地通过了桥，继续前进！

如果有一个条件是True，即有凶猛的野兽或桥摇晃，则冒险者就会看到这条警告：

危险，你无法通过桥。

魔法师讲完后，小鱼迅速写下了代码：

```python
if 5 > 3:
    print("是的，5大于3。")
else:
    print("不，5不大于3。")
```

水晶门缓缓打开。突然，一个水晶守卫者出现，挡住了他们的去路。魔法师紧张地说："小鱼，我们必须快速回答下一个问题！"

只见水晶球上的文字变了，现在是"3是否小于5且大于2？"。小鱼迅速地写下了代码：

```python
# 如果3小于5，并且3大于2
if 3 < 5 and 3 > 2:
    print("是的，3小于5并且大于2。")
else:
    print("不，条件不满足。")
```

水晶守卫者被这正确的答案震退了几步，给了他们前进的机会。

小鱼和魔法师走到了一个巨大的水晶大厅，大厅中央有一个巨大的水晶球，上面显示：找出一个在10到50之间的数字，该数字除以3的余数是2，除以5的余数也是2，找到这个数字，你就能安全通过。

小鱼感到了前所未有的压力，他知道这是最后的关卡，而且时间非常紧迫。他迅速开始思考起来。突然，迷宫的地面开始震动，裂缝迅速地在小鱼的脚下扩散开来。小鱼的心跳加速，他感到了前所未有的危机。裂缝一点点将他和魔法师分开。魔法师站在裂缝的另一边，他的眼神充满了紧张和担忧，但他仍然努力地鼓励小鱼："小鱼，相信自己，你可以的！"

小鱼深吸了一口气，他知道，他不能让魔法师失望。

时间仿佛在这一刻变得异常缓慢，每一秒都像是一个世纪。裂缝继续扩大，小鱼和魔法师之间的距离也越来越远。

小鱼能否成功完成挑战，安全通过水晶迷宫？请继续看下一节。

魔法·小·贴士

比较和逻辑运算是编程中的核心工具，允许我们对数据进行评估和决策。掌握比较和逻辑运算是编写高效、智能和响应式程序的关键。

- 当使用逻辑运算符组合多个条件时，确保理解每个条件的优先级和执行顺序。
- 使用括号()明确条件的优先级，使代码更加清晰。
- 在进行比较时，确保比较的数据类型是相同或兼容的，以避免意外的结果。

3.3 数字环游：for 循环的魔法

魔法师对小鱼说："小鱼，想要解开这个问题，需要用到循环的魔法。"

小鱼着急地问："什么是循环？"

魔法师说："在编程的魔法中，有一种叫作循环的技巧，可以让我们重复执行某些魔法指令，直到满足特定的条件，循环才会停止。"

小鱼大声问："那我们怎么使用这种循环的魔法呢？"

魔法师说："让我给你快速讲解一下。"

想象一下，你是一名魔法师，需要在一个魔法圈中重复念咒语来召唤小精灵。循环就像你在魔法圈中走来走去，一遍又一遍地重复着相同的咒语，直到召唤成功。

循环是编程中非常重要的概念。有时候，我们需要重复执行一系列的操作，如多次打印一段问候语，或处理一个列表中的每个元素。使用循环，可以让计算机自动地进行重复操作，不需要手动地执行多次操作。

1. for 循环

在Python中，我们可以使用 for 循环来实现重复执行的操作。for循环的结构非常简单。下面是for循环的基本结构：

```
for 变量名 in 序列:
    # 在循环中执行的代码块
```

在 for 循环中，首先需要定义一个变量名，然后指定一个序列，如列表、字符串等。循环会按顺序，遍历序列中的每个元素，将每个元素依次赋值给指定的变量，每次赋值后都会执行循环中的代码块。

for循环流程图如图3-3所示。

让我们从一个简单的例子开始。假设我们有一个魔法袋子，里面有5个魔法石。如果我们想要一个接一个地取出魔法石，则可使用for循环完成这个任务：

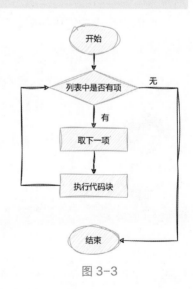

图 3-3

```
for stone in range(1, 6):
    print("取出第", stone, "个魔法石。")
```

在这段代码中，stone是我们的循环变量，它的值从1开始，每次循环结束后，它的值都会增加1，直到它的值达到5。每次循环，都会打印出一个消息，告诉我们取出了哪个魔法石。

这段代码的运行结果为：

```
取出第 1 个魔法石。
取出第 2 个魔法石。
取出第 3 个魔法石。
取出第 4 个魔法石。
取出第 5 个魔法石。
```

你可能会问，既然只取5个魔法石，为什么要写range(1, 6)呢？这是因为在Python中，需要循环的序列的结束值（此处是6）是不包含在内的。因此range(1, 6)实际上表示的序列是1到5。

如果你还不是很明白，没关系，请继续看下面的讲解。

假设你要打印出一些数字：

```
for i in range(5): # 使用for循环，重复执行5次
    print(i)
```

这段代码告诉计算机：从0开始，重复执行5次下面的操作。在每次循环中，将当前的数字赋值给变量 i（i的值为从0到4），然后打印出 i 的值。计算机会自动执行循环，打印出数字0 到4。

当然，我们可以继续对上面的代码进行升级：

```
for i in range(5):  # 使用for循环，重复执行5次
    print(f"这是第{i+1}次重复的魔法!")
```

这段代码重复执行5次打印操作，每次循环都会打印出当前循环迭代的次数。

- for关键字：Python中用于创建循环的关键字。

- i：循环变量，会在每次循环迭代时更新值。
- range(5)：一个内置函数，生成一个从0开始，到4结束的整数序列（总共5个数字，即0、1、2、3、4）。所以，这个循环会执行5次，每次循环时，i的值会从0开始，逐渐增加到4。
- f"这是第{i+1}次重复的魔法!"：一个格式化字符串。其中，{i+1}是一个表达式占位符，它会被i+1的值替换。因为i的值从0开始，所以我们使用i+1表示从1开始的数字。在每次循环时，这行代码都会打印出"这是第x次重复的魔法!"，其中x是当前循环迭代的次数。

这段代码的运行结果为：

```
这是第1次重复的魔法！
这是第2次重复的魔法！
这是第3次重复的魔法！
这是第4次重复的魔法！
这是第5次重复的魔法！
```

当然，也可以指定循环变量i值的范围：

```
for i in range(2,5):  # 使用for循环重复执行，i的值为2、3、4
    print(f"i的值: {i}")
```

range(2,5)是range()函数的另一种使用方式。它会生成一个从2开始，到4结束的整数序列（即2、3、4）。注意，序列的结束值是不包括在内的，所以这里的最后一位是4而不是5。

所以，这个循环会执行3次，每次循环时，i的值会从2开始，逐渐增加到4。

这段代码的运行结果为：

```
i的值: 2
i的值: 3
i的值: 4
```

小鱼惊叹道："哇，这真的好神奇！"

小鱼的大脑飞速转动，他迅速地想到了水晶球所出题目的答案：

```
for number in range(10, 51):  # 遍历10到50之间的所有数字

    # 使用 % 运算符，判断数字除以3和5的余数

    if number % 3 == 2 and number % 5 == 2:

        print(f"找到了! 满足条件的数字是: {number}")
```

这段代码循环遍历10到50之间的所有数字，如果发现有数字满足条件"该数字除以3的余数是2，并且该数字除以5的余数也是2"，则输出该数字。

运行上述代码，输出的结果为：

```
找到了! 满足条件的数字是: 17
找到了! 满足条件的数字是: 32
找到了! 满足条件的数字是: 47
```

代码迅速运行，输出了满足条件的数字：17、32和47。

小鱼高声喊道："是17、32和47！答案有三个数字！"

随着他的声音在空中回荡，裂缝开始缓缓合拢，地面恢复了稳定。小鱼和魔法师松了一口气，他们成功地通过了水晶迷宫的最后一个挑战。两人紧紧地抓住了彼此的手，激动地看着对方。

正当他们准备离开时，水晶球突然发出了耀眼的光芒，一个小小的魔法碎片从水晶球中飘了出来，缓缓地落在小鱼的手中。这块碎片散发着温暖的光芒，小鱼能感受到它蕴含的强大魔法力量。

魔法师微笑地说："这是你应得的，小鱼。你用智慧和勇气赢得了这块魔法碎片。每一块碎片都代表着一个重要的学习经验，希望你珍惜它。"

小鱼点点头，他知道，这不仅仅是一个碎片，更是他在这次冒险中学到的知识和经验的象征。

魔法师："小鱼，刚才给你讲的for循环只是冰山一角，接下来让我给你详细讲讲魔法世界中的循环。"

小鱼高兴道："太好了！"

循环是编程中一种非常强大的工具，它创造了一个奇妙的世界，充满了各种可能性和乐趣。让我们更深入地探索循环的魔法，看看循环可以为我们创造什么样的奇妙世界。

2. 列表 for 循环

循环可以帮助我们遍历列表中的每个元素，并对它们进行处理。

假设你有一个包含不同颜色的魔法宝石列表，你想要逐个展示这些宝石：

```python
gems = ["红宝石", "蓝宝石", "翡翠", "紫水晶"]
for gem in gems:
    print("你发现了一个", gem, "!")
```

这段代码告诉计算机，对于列表 gems 中的每个宝石，重复执行循环操作。在每次循环中，将当前宝石的名称赋值给变量 gem，然后展示一条消息。计算机会自动遍历列表中的每个宝石，并展示它们的名字。

这段代码的运行结果为：

```
你发现了一个 红宝石 ！
你发现了一个 蓝宝石 ！
你发现了一个 翡翠 ！
你发现了一个 紫水晶 ！
```

3. 循环计算

循环还可以用于计算。假设你想要计算从1加到100的总和，则可使用循环来完成：

```python
# 总和，初始值为0
total = 0
# 循环累加
for num in range(1, 101):
    total += num # 把数字加到变量total中
print("从1加到100的总和是: ", total)
```

这段代码告诉计算机，对于从1到100的每个数字，重复执行加法操作。在每次循环中，将当前数字加到变量 total 上。计算机会自动遍历从1到100的数字，然后计算它们的总和。

循环提供了一个创造性的舞台，可以让你编写出各种有趣的程序。你可以遍历列表中的元素，与用户互动或进行复杂的计算。使用不同的循环类型和结构，可以实现不同的功能。

 3.4 绘制形状：for 循环的图形展示

魔法师："我们已经探索了数字、字符串、列表、元组、条件语句、比较和逻辑运算，以及for循环的基本使用方法。现在，让我们进一步深入探索for循环的奇妙之处。"

for循环不仅可以用来展示数据，还可以用来展示形状。让我们来练习一个有趣的案例，绘制一个由星号组成的直角三角形。

首先，定义三角形的高度：

```
height = 5
```

这里，我们定义了一个变量height，并赋值为5。这意味着我们想要画一个高度为5的直角三角形。

然后，使用for循环控制循环次数：

```
for i in range(1, height + 1):
```

这里，我们开始使用for循环。range(1, height+1)会生成一个序列，该序列从1开始，到height（在这个例子中是5）结束。因此，i的值会在每次循环中从1递增到5。

最后打印三角形：

```
print('*' * i)
```

在每次迭代中，我们使用print()函数来打印星号。'*' * i是一个简单的字符串操作，它会重复星号字符i次。因此，当i为1时，会打印一个星号；当i为2时，会打印两个星号，以此类推。

完整代码如下：

```python
# 定义三角形的高度
height = 5

# 使用for循环来画出三角形
for i in range(1, height + 1):
    print('*' * i)
```

当你运行上面这段代码时，运行结果如下：

```
*
**
***
****
*****
```

魔法·小·贴士

for循环是编程中的强大工具，允许我们重复执行某些操作，直到满足特定的条件。通过使用for循环，我们可以轻松地对数据集合进行操作，无论是数字、字符串还是其他数据类型。

- 当使用for循环时，确保循环的结束条件是明确的，以避免无限循环。
- 注意循环变量的命名，变量的名称应具有描述性，以提高代码的可读性。
- 在循环中修改正在被迭代的数据结构，可能会导致意外的结果或错误。确保在这种情况下采取适当的预防措施。

for循环的应用是无穷无尽的。在未来的编程冒险中，你会发现for循环在处理各种任务（如数据分析、图形绘制和算法实现）时都是非常有用的。

3.5 水晶之泉的秘密：while 循环的屏障

小鱼和魔法师继续他们的探险。他们的面前出现了一个神秘的水晶之泉，泉眼正不断地冒出泡泡，每个泡泡都包裹着一颗水晶。当小鱼试图伸手去摸水晶时，他的手被一个看不见的屏障弹了回来。

魔法师皱了皱眉："这是一个古老的守护魔法，只有当你解答出它的谜题，这个屏障才会消失。"

这时，在泉水的中央有一个巨大的水晶柱从水面上升起，上面刻着一串文字：从夜晚的第一颗星开始，直到天亮，每过一小时，星星的数量就会翻一倍。如果你能告诉我，当天亮来临，天空中有多少颗星星，则会为你打开屏障。

小鱼注意到，泉水的四周有四个水晶柱正在缓缓下沉。每个水晶柱上都有一个时钟，它们的指针正在快速转动，时间正在加速流逝。

魔法师的脸色突然变得非常严肃："小鱼，我们没有时间了！如果我们不能在四个时钟停下之前解开这个谜题，则我们将被困在这里，永远无法离开！"

小鱼的额头直冒冷汗。

魔法师："静下心来，小鱼，这个谜题需要用while循环的魔法来解答。我这就给你讲讲while循环。"

除了 for 循环，我们还可以使用 while 循环实现重复执行的操作。while 循环会在条件满足的情况下不断执行，直到不满足条件为止。

while循环流程图如图3-4所示，while循环的基本结构如下：

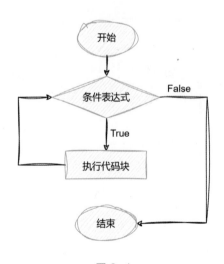

图3-4

```
while 条件：
    # 在循环中执行的代码块
```

在上面这个魔法咒语中，你需要定义一个条件。只要条件为真（True），就会不断重复执行循环中的操作，直到条件为假（False）时，循环才会结束。

让我们来看一个例子，假设你要不断喊出"魔法万岁！"这个口号：

```python
count = 0
while count < 3:
    print("魔法万岁！")
    count += 1
```

这段代码告诉计算机：只要变量 count 小于3，就重复执行下面的操作。在每次循环中，打印出口号"魔法万岁！"，然后将 count 的值加1。计算机会不断执行循环，直到 count 的值不再小于3为止。

在编程中，我们常常需要在满足某个条件的情况下，重复执行一系列操作。例如，不断询问玩家是否继续游戏，直到玩家不再想继续该游戏为止：

```python
play_again = "是"
while play_again == "是":
    print("游戏继续！")
    play_again = input("你想要再玩一次吗？（是/否）")
print("游戏结束。")
```

这段代码告诉计算机，只要变量 play_again 的值是"是"，就重复执行下面的操作。在每次循环中，展示"游戏继续！"的消息，并询问玩家是否想要再玩一次游戏。如果玩家不想继续玩下去，则结束循环，并展示"游戏结束。"的消息。计算机会根据玩家的选择，决定是否继续循环。

◆ 解 析

在这段代码中，首先有一个魔法变量play_again，它的初始值被设置为"是"，这意味着玩家最初是想要玩游戏的。

接下来，有一个魔法循环语句while。只要play_again的值仍然是"是"，这个循环就会一直执行。

在这个循环里，首先会打印出"游戏继续！"，表示游戏正在进行。接着，计算机通过input("你想要再玩一次吗？（是/否）")，询问玩家是否想要再玩一次游戏，玩家的回答会被保存在play_again中。

当玩家回答"否"时，play_again的值会由"是"变为"否"，循环就会停止。最后，当循环结束后，计算机会打印出"游戏结束。"，表示游戏已经结束。

循环语句的运行过程如图3-5所示。

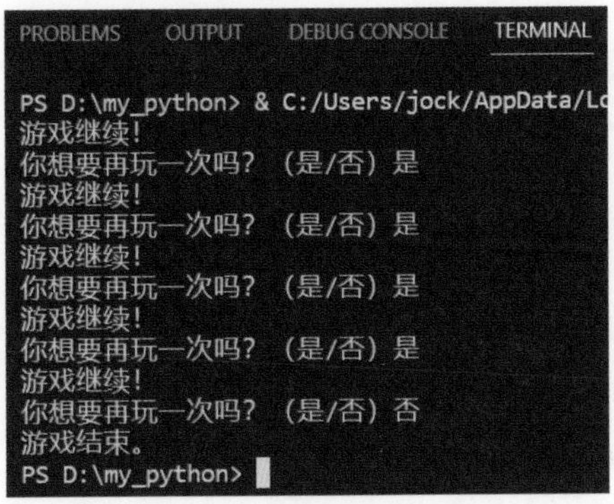

图 3-5

听完魔法师的讲解后，小鱼恍然大悟："我知道怎么解答水晶柱上的谜题了！"他深吸了一口气，迅速写下了魔法代码：

```python
stars = 1  # 初始化星星数量
hours = 0  # 初始化小时数

while hours < 10:  # 假设夜晚有10个小时，当小时数小于10时，继续执行循环
    stars *= 2  # 每过1个小时，星星的数量就会翻倍
    hours += 1  # 每次循环，小时数增加1

print(f"当天亮时，天空中有{stars}颗星星。")  # 循环结束后，输出星星数量
```

这段代码描述了在夜晚，星星的数量是如何随时间指数增长的。假设夜晚有10个小时，每过1个小时，星星的数量翻倍，10小时后，会输出此时的星星数量。

首先，对如下变量进行初始化：
- stars = 1：夜晚开始时的星星数量为1。
- hours = 0：从夜晚开始到现在经过的小时数为0。

然后，分析while循环中的语法：

- while hours < 10：循环条件是小时数小于10，意味着这个夜晚会持续10个小时。
- stars *= 2：星星的数量每小时都会翻倍。例如，如果开始时有1颗星星，则1小时后就有2颗星星，2小时后有4颗星星，以此类推。
- hours += 1：每次循环后，过去的小时数增加1。

输出结果的语句如下：

- print(f"当天亮来临时，天空中有{stars}颗星星。")：在循环结束后，即10个小时过去后，输出天空中的星星数量。

小鱼迅速运行上面这段代码，计算机输出了以下结果：

当天亮时，天空中有1024颗星星。

这意味着，夜晚结束时，天空中的星星数量会从最初的1颗增长到1024颗。

小鱼运行程序后，天空中的星星逐渐增多，直到天亮。当他说出答案时，巨大的水晶柱发出了强烈的光芒，四个水晶柱突然停止下沉，时钟的指针也停了下来。

魔法师长长地松了一口气："太危险了，小鱼。你真的救了我们。"

小鱼微笑着说："这要感谢你之前教给我的知识。"

两人继续前进，但小鱼心里明白，接下来的冒险只会更加困难。

3.6 寻找五朵魔法花：while 循环的力量

小鱼和魔法师来到了一个被称为"五朵魔法花的秘密花园"的地方。这片花园隐藏在一片古老的森林中，被时间所遗忘，只有少数魔法生物知道它的存在。传说这片花园里有五朵神奇的魔法花，它们拥有强大的魔法力量，可以帮助冒险者解锁未知的魔法。

魔法师告诉小鱼："这五朵魔法花散落在花园的各个角落，但是花园里也有许多巨大的蘑菇，它们会阻碍你的前进。你需要使用Python的魔法来决定是否跳过这些蘑菇。每成功跳过一次蘑菇，都会找到一朵魔法花。如果选择不跳过蘑菇，则会被蘑菇绊倒，需要重新开始。"

小鱼深吸一口气，开始了这次的挑战。他开始在花园中探索，当他每次遇到巨大的蘑菇时，都需要决定是否跳过蘑菇。花园中的蘑菇并不是普通的蘑菇，它们会散发出诱人的香气，让人忍不住想要靠近。小鱼知道，这只是蘑菇的一种魔法，用来保护花园中的魔法花。

小鱼决定使用Python的魔法来帮助他完成这个挑战。他开始编写一个魔法程序，在每次遇到蘑菇时，程序都会询问他是否要跳过蘑菇：

```python
# 初始化变量，记录魔法花的数量
flowers_found = 0
# 只要满足"魔法花的数量小于5"这个条件，就进入循环
while flowers_found < 5:
    jump = input("你面前有一个巨大的蘑菇，它散发出诱人的香气，要跳过它吗?（是/否）")
    if jump == "是":
        print("你成功使用Python魔法跳过了蘑菇，继续寻找魔法花。")
        flowers_found += 1
    else:
        print("你被蘑菇的香气所吸引，不小心被蘑菇绊倒了，小心点！")
```

上面这段代码表明，只要你找到的魔法花数量小于5，就重复执行下面的操作。在每次循环中，询问你是否要跳过蘑菇。如果你选择跳过蘑菇，则打印出提示，并将找到的魔法花数量加1。否则，打印出提示。当找到的魔法花数量达到5朵时，循环结束，打印出祝贺的消息。计算机会根据你的选择，不断执行循环，直到你找到五朵魔法花。

◆ 解　析

- flowers_found = 0：这行代码初始化一个变量flowers_found，表示玩家已经找到的魔法花数量。该变量的初始值为0。
- while flowers_found < 5：一个while循环的开始。循环的条件是玩家找到的魔法花数量小于5。只要这个条件为真，循环就会继续。
- jump = input("你面前有一个巨大的蘑菇，它散发出诱人的香气，要跳过它

吗？（是/否）"）：这行代码询问玩家是否想跳过面前的蘑菇。玩家的回答（"是"或"否"）会被存储在变量jump中。

- if jump == "是"：这是一个if语句的开始，用于检查玩家的回答是否为"是"。
- print("你成功使用Python魔法跳过了蘑菇，继续寻找魔法花。")：如果玩家选择跳过蘑菇，则这行代码会输出一个消息，告诉玩家成功跳过了蘑菇。
- flowers_found += 1：这行代码改变了变量flowers_found的值，表示玩家找到了魔法花。
- else：这是if语句的另一部分，当if条件不满足时，执行该语句。
- print("你被蘑菇的香气所吸引，不小心被蘑菇绊倒了，小心点！")：如果玩家选择不跳过蘑菇，则这行代码会输出一个消息，告诉玩家被蘑菇绊倒了。

小鱼急忙运行上面这段魔法程序，在每一次的提示中，他都回复"是"，从而成功跳过了所有蘑菇，找到了五朵魔法花。

寻找魔法花的运行过程如图3-6所示。

图 3-6

每当小鱼找到一朵魔法花时，花园中都会响起一阵悠扬的魔法旋律，仿佛大自然都在为他欢呼。当他找到最后一朵魔法花时，整个花园都被金色的光芒所笼罩，一切都显得如此美好。

小鱼拿起五朵魔法花，它们在他的手中展现出五种不同的颜色，每一种颜色都代表一种特殊的魔法力量。小鱼按照魔法师之前告诉他的方法，将五朵魔法花放在一起，它们开始旋转，并发出强烈的光芒。不久后，五朵魔法花合为一体，变成一个金色的魔法球。

魔法师走了过来，微笑着对小鱼说："你做得很好，小鱼。这个魔法球是花园中最强大的魔法，它可以帮助你解锁更多的魔法技能。"

小鱼高兴地拿起魔法球，只觉得一股强大的魔法力量涌入他的身体。他突然感到自己仿佛与整个花园融为一体，可以感受到每一片叶子、每一朵花的呼吸。

魔法师继续说："你需要学会控制魔法球的强大魔法力量，将它用于正义，而不是被它所控制。"

小鱼点点头，表示自己会正确使用魔法球。他们离开了这片神奇的花园，继续冒险之旅。

魔法小·贴士

while循环允许我们基于一个条件，重复执行代码块，只要该条件为真，循环就会继续。与for循环不同，while循环的迭代次数不是预先确定的，而是基于运行时的条件。掌握了while循环后，你将能更加灵活地处理各种编程挑战，特别是那些需要持续响应的任务。

- 一定要避免无限循环。请确保while循环的条件最终会变为假，否则循环将会永远执行。
- 在while循环中，确保更新与循环条件有关的变量，以避免陷入无限循环。

3.7 隐藏的宝藏：循环的多重魔法（一）

循环不仅限于重复相同的操作，还可以在循环中嵌套其他指令，创造出更加丰富的效果。例如，你可以在循环中使用条件语句，根据不同的情况，执行不同的操作。

魔法师告诉小鱼："这片森林的深处有一个隐藏的宝藏，每走一步，都会离宝藏更近，但这个宝藏被一个可怕的怪兽守护着。当你距离宝藏只有5步时，可怕的怪兽就会出现，你需要决定是绕过它还是与它战斗。"

小鱼决定冒险前行，他需要根据距离，选择是否前进，同时还要注意可怕的怪兽。于是小鱼决定使用Python的魔法来帮助他完成这个挑战。他编写了一个魔法程序：

```
# 假设距离宝藏还剩8步
distance_to_treasure = 8
while distance_to_treasure > 0:
    # 每次循环都展示距离宝藏的步数
```

```
        print("你距离宝藏还有",distance_to_treasure,"步。")
        decision = input("你要前进一步吗?（是/否）")
        if decision == "是":
            distance_to_treasure -= 1  # 距离减少1步
            print("你向前迈出了一步。")
            if distance_to_treasure == 5: # 如果距离等于5步，则会看到怪兽
                monster = input("你看到了一个可怕的怪兽，要绕过它吗?（是/否）")
                if monster == "是":
                    print("你绕过了怪兽，继续前进。")
                else:
                    print("你决定与怪兽战斗，祝你好运！")
        else:
            print("你犹豫不决，停在原地。")
    print("恭喜你，你找到了宝藏！")
```

上面这段代码的运行过程如图3-7所示。

上面这段代码的作用为：只要你距离宝藏的距离大于0，就重复执行循环中的操作。在每次循环中，展示距离宝藏的步数，并询问你是否要前进。如果你选择前进，则距离减少1步，并展示前进的消息。如果距离小于或等于5步，会询问你是否要绕过怪兽。根据你的选择，展示不同的消息。如果你选择不前进，则展示"你犹豫不决，停在原地。"。当距离为0步时，循环结束，并展示祝贺的消息。计算机会根据你的选择和情况，展示不同的情节。

小鱼急忙运行这段魔法程序，通过魔法程序一步步进行操作，最终成功找到了隐藏的宝藏。

```
PROBLEMS    OUTPUT    DEBUG CONSOLE    TERMINAL

你要前进一步吗？（是/否）是
你向前迈出了一步。
你距离宝藏还有 7 步。
你要前进一步吗？（是/否）是
你向前迈出了一步。
你距离宝藏还有 6 步。
你要前进一步吗？（是/否）是
你向前迈出了一步。
你看到了一个可怕的怪兽，要绕过它吗？（是/否）是
你绕过了怪兽，继续前进。
你距离宝藏还有 5 步。
你要前进一步吗？（是/否）是
你向前迈出了一步。
你距离宝藏还有 4 步。
你要前进一步吗？（是/否）是
你向前迈出了一步。
你距离宝藏还有 3 步。
你要前进一步吗？（是/否）是
你向前迈出了一步。
你距离宝藏还有 2 步。
你要前进一步吗？（是/否）是
你向前迈出了一步。
你距离宝藏还有 1 步。
你要前进一步吗？（是/否）是
你向前迈出了一步。
恭喜你，你找到了宝藏！
PS D:\my_python>
```

图 3-7

3.8 隐藏的宝藏：循环的多重魔法（二）

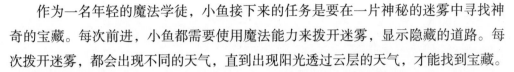

作为一名年轻的魔法学徒，小鱼接下来的任务是要在一片神秘的迷雾中寻找神奇的宝藏。每次前进，小鱼都需要使用魔法能力来拨开迷雾，显示隐藏的道路。每次拨开迷雾，都会出现不同的天气，直到出现阳光透过云层的天气，才能找到宝藏。

经过慎重的思考，小鱼最终编写了一个魔法程序，他将使用程序的魔法能力完成这次任务。该程序描述了一个小游戏，游戏玩家需要在迷雾之地中寻找宝藏。在游戏的过程中，玩家会遇到不同的天气，每种天气都有其特定的提示。如果玩家在游戏中遇到了阳光透过云层的天气，则玩家能找到宝藏。

1. 导入模块

```python
import random
```

上面这行代码导入了random模块（关于模块的详细讲解请见5.1节），该模块提供了各种生成随机数的功能。

2. 初始化变量

```python
mist = ["🌊","☁️","🌥","☁️","🌥"]
found_treasure = False
```

- mist是一个列表，包含了五种天气。
- found_treasure是一个布尔变量，用于记录玩家是否找到宝藏，默认为False，即没有找到宝藏。

3. 欢迎信息

```python
print("欢迎来到迷雾之地！")
print("你需要使用魔法来寻找宝藏。")
```

上面这两行代码向玩家展示了游戏的欢迎信息。

4. 循环与决策

```python
for step in range(1, 6):
    input("按下 Enter 键")

    # 从天气列表中随机选择一个天气
    current_mist = random.choice(mist)
    print("你看到了: ", current_mist)
```

上面这段代码使用for循环，模拟玩家在迷雾之地中的5次尝试。

步骤 1 》　input()函数让玩家按下Enter键来继续游戏。

步骤 2 》　使用random.choice()函数随机选择一种天气，并将这种天气赋值给
变量current_mist。

步骤 3 》　打印当前的天气。

5. 判断天气

```python
if current_mist == "〰":
    ...
elif current_mist == "☁":
    ...
...
```

这部分代码使用if和elif来判断当前的天气情况，针对不同的天气，给出不同的
提示。

6. 判断是否找到宝藏

```python
elif current_mist == "☁":
    print("阳光透过云层,美丽的景象。")
    found_treasure = True
    break
```

如果玩家遇到了阳光透过云层的天气（☁），则变量found_treasure会被设置为True，并使用break语句跳出循环，即不再执行当前循环，而是直接向下执行循环外的代码。

```
if found_treasure:
    print("恭喜你,你找到了神奇的宝藏! ")
else:
    print("很遗憾,你没有找到宝藏。继续努力吧! ")
```

上面的代码根据found_treasure的值是否为True，给出相应的结束信息。如果found_treasure的值为True，则输出"恭喜你，你找到了神奇的宝藏！"。

这个游戏的完整代码如下：

```
import random

mist = ["🌊", "🌧", "🌦", "🌧", "🌥"]
found_treasure = False # 记录是否找到了宝藏，默认为否

print("欢迎来到迷雾之地! ")
print("你需要使用魔法来寻找宝藏。")

for step in range(1, 6):
    input("按下 Enter 键")
    current_mist = random.choice(mist) # 从列表中随机选择一种天气
    print("你看到了: ", current_mist)

    if current_mist == "🌊": # 对每一种天气情况进行判断，并给出不同的输出
        print("迷雾笼罩着你,继续前进! ")
    elif current_mist == "🌧":
        print("雷电交加,小心前行! ")
    elif current_mist == "🌦":
```

```
        print("细雨绵绵,要小心滑倒。")
    elif current_mist == "🌨":
        print("雪花纷飞,寒冷的空气。")
    elif current_mist == "⛅":
        print("阳光透过云层,美丽的景象。")
        found_treasure = True  # 找到宝藏
        break  # 跳出循环,不再执行此循环

if found_treasure:  # 如果找到了宝藏
    print("恭喜你,你找到了神奇的宝藏! ")
else:
    print("很遗憾,你没有找到宝藏。继续努力吧! ")
```

在上面的代码中,对于从1到5的每个数字,重复执行下面的操作。

在每次循环中,等待用户按下 Enter 键,并随机选择一种天气情况展示给用户。根据天气情况展示不同的消息。如果找到了阳光,则表示找到了宝藏,循环结束。计算机会根据不同的天气情况,向用户展示不同的消息。

小鱼运行这段魔法程序,通过魔法程序进行一步步操作。第一次操作时,小鱼没有找到宝藏。第一次操作的运行过程如图3-8所示。

经过多次尝试,小鱼终于成功找到了隐藏的宝藏,过程如图3-9所示。

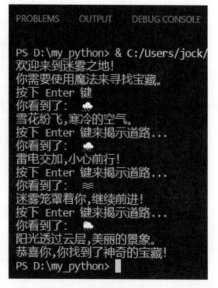

图 3-8　　　　　　　　　　　　　图 3-9

3.9 洞穴探险：精灵的奇遇

接下来，小鱼继续探寻其余的宝藏。小鱼面前出现了三个洞穴，魔法师告诉小鱼，每个洞穴里都有不同的宝藏或魔法生物。如果小鱼想要获取洞穴中的魔法能量就需要进入洞穴一探究竟。

但是先进入哪一个洞穴呢？小鱼犯了难。就在他发愁的时候，他想到了使用Python魔法中的"条件选择"，帮助自己完成这个任务。

小鱼将此次任务当作一个游戏，游戏玩家需要通过输入，选择要进入的洞穴，并根据洞穴的情况做出决策。

1. 欢迎玩家

让我们欢迎玩家进入游戏：

```python
print("欢迎来到神秘的冒险世界！")
```

2. 选择洞穴

让玩家选择一个洞穴：

```python
cave = input("你面前有三个洞穴，你要选择进入哪个洞穴？（1/2/3）")
```

游戏开始后，玩家将面对三个洞穴。玩家需要在屏幕上输入一个数字，这个数字代表要进入的洞穴。例如，玩家可以输入数字1，选择进入第一个洞穴。

3. 展开情节

一旦玩家输入了选择，就可以使用条件语句，根据选择展开不同的情节：

```python
if cave == "1":
    # 展开第一个洞穴的情节
elif cave == "2":
```

```
    # 展开第二个洞穴的情节
elif cave == "3":
    # 展开第三个洞穴的情节
else:
    print("你犹豫不决，什么也没有发生。")
```

4. 提示玩家做出决策

一旦玩家进入洞穴，就可以根据游戏情节的不断发展，让玩家有不同的选择。使用 input()函数，等待玩家输入，根据输入的内容决定后续的情节发展：

```
choice = input("你想要收集宝石吗?（是/否）")
if choice == "是":
    # 玩家选择收集宝石的情节
else:
    # 玩家选择不收集宝石的情节
```

5. 展示情节发展和结果

根据玩家的选择，展示不同的情节发展和结果。使用 print()函数，向玩家展示不同的结果，例如：

```
print("你收集了宝石，它们闪闪发光，让你感到无比富有！")
```

这样，玩家就可以看到他们的选择是如何影响游戏情节和结局的。

6. 游戏结束

最后，结束游戏，并感谢玩家的参与：

```
print("谢谢你的参与！希望你在这次冒险中玩得愉快！")
```

完整的游戏代码如下：

```python
print("欢迎来到神秘的冒险世界！")
cave = input("你面前有三个洞穴，你要选择进入哪个洞穴？（1/2/3）")
# 进入第一个洞穴的情节
if cave == "1":
    print("你进入了闪闪发光的洞穴，发现了无数宝石！")
    choice = input("你想要收集宝石吗？（是/否）")
    if choice == "是":
        print("你收集了宝石，它们闪闪发光，让你感到无比富有！")
    else:
        print("你放弃了宝石，继续探险。")


# 进入第二个洞穴的情节
elif cave == "2":
    print("你进入了神秘的洞穴，遇到了友善的小精灵！")
    choice = input("小精灵邀请你和它一起玩耍，你愿意吗？（是/否）")
    if choice == "是":
        print("你和小精灵玩了一天，度过了愉快的时光！")
    else:
        print("你离开了洞穴，继续探险。")


# 进入第三个洞穴的情节
elif cave == "3":
    print("你进入了古老的洞穴，发现了一本古代魔法书！")
    choice = input("你想要阅读这本魔法书吗？（是/否）")
    if choice == "是":
        print("你阅读了魔法书，学到了很多神秘的魔法技能！")
    else:
        print("你放下了魔法书，继续探险。")
else:
    print("你犹豫不决，什么也没有发生。")
print("谢谢你的参与！希望你在这次冒险中玩得愉快！")
```

在游戏中，玩家需要根据提示做出选择，每个选择都会影响游戏的进程和结局。玩家可以通过输入信息与计算机进行互动，探索不同的洞穴。

小鱼急忙运行这段魔法程序，通过魔法程序进行一步步的操作，成功完成了任务，并且在洞穴中遇到了友善的小精灵，与小精灵一起度过了愉快的时光。

上述游戏代码的运行过程如图3-10所示。

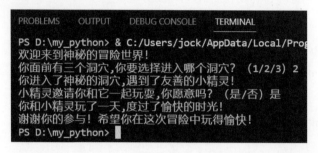

图 3-10

你可以根据自己的创意，设计不同的洞穴、宝藏和游戏情节。你还可以尝试添加更多情节，让玩家体验更丰富的冒险。你可以使用多个 if 语句和 elif 语句，结合条件判断和玩家输入，构建一个充满趣味和可能性的游戏。通过玩家的选择，游戏变得交互性十足，玩家可以感受到自己的决策在游戏中产生的影响。这种互动性将使游戏更加有趣，玩家可以根据自己的决策来体验不同的冒险旅程。

3.10 洞穴探险：喷火的小龙

小鱼和魔法师进入一个洞穴。魔法师说，这个洞穴中有很多魔法碎片，但想要获得这些碎片，需要至少将洞穴继续挖深10米。就在小鱼犯愁的时候，他们发现了一只会喷火的小龙，小龙喷出的火可以穿透山洞。

小鱼的脸上立马露出了笑容，他想到while循环可以反复施展魔法，直到满足某个条件为止。于是他打算编写魔法程序来控制小龙，在找到宝藏前让小龙不停地喷火。

1. 初始化变量

```python
# 记录挖掘的深度
depth = 0
# 记录是否找到了宝藏
treasure_found = False
```

- depth用于记录当前挖掘的深度，初始值为0。
- treasure_found是一个布尔变量，用于记录是否找到了宝藏，默认为False。

2. 开始挖掘

```python
print("小龙开始挖掘山洞，寻找宝藏!")
```

上面这行代码说明小龙开始挖掘山洞。

3. 循环挖掘

```python
while not treasure_found:
```

使用while循环来控制小龙持续进行挖掘，直到找到宝藏为止。

只要treasure_found这个变量的值还是False，就表示宝藏还没找到，会继续执行循环。在循环中，小龙不停喷火挖掘山洞，直到深度达到10米时，才能找到宝藏。

找到宝藏后，将treasure_found变量设为True，这时not treasure_found的值就变成了False，循环终止。

通过巧妙运用while循环魔法，可以控制程序执行特定的逻辑，直到满足结束条件，才会停止循环。这在很多魔法程序中是非常有用的。同时可以在while循环中配合使用if语句，在满足某条件时结束循环。

4. 显示挖掘深度

```python
print("小龙喷火加深山洞，深度:", depth)
```

这行代码输出了当前山洞的深度。

5. 增加挖掘深度

```
depth += 1
```

每循环一次，小龙的挖掘深度都会增加1米。

6. 判断是否找到宝藏

```
if depth >= 10:
    print("小龙挖到了宝藏!")
    treasure_found = True
```

当小龙挖掘到10米的深度时，会找到宝藏。此时，变量treasure_found会被设置为True，从而结束while循环。

7. 结束信息

```
print("小龙终于找到了宝藏，很开心!")
```

循环结束后，上面这行代码输出了小龙找到宝藏的信息。
上述过程的完整代码如下：

```
depth = 0 # 记录当前挖掘的深度
treasure_found = False # 记录是否找到宝藏


print("小龙开始挖掘山洞，寻找宝藏!")


while not treasure_found:
    print("小龙喷火加深山洞，深度:",depth)
    depth += 1 # 挖掘深度加1


    if depth >= 10:
        print("小龙挖到了宝藏!")
```

```
        treasure_found = True

    print("小龙终于找到了宝藏，很开心!")
```

　　小鱼运行上面这段程序后，小龙不停地喷火，成功将洞穴的深度变为了10米，小鱼也因此找到了魔法碎片。

　　上面这段程序的运行结果为：

```
小龙开始挖掘山洞，寻找宝藏!
小龙喷火加深山洞，深度：0
小龙喷火加深山洞，深度：1
小龙喷火加深山洞，深度：2
小龙喷火加深山洞，深度：3
小龙喷火加深山洞，深度：4
小龙喷火加深山洞，深度：5
小龙喷火加深山洞，深度：6
小龙喷火加深山洞，深度：7
小龙喷火加深山洞，深度：8
小龙喷火加深山洞，深度：9
小龙挖到了宝藏!
小龙终于找到了宝藏，很开心!
```

3.11 神秘的图书馆：秘密数字

　　走出山洞后，小鱼继续前行。在一个偏远的角落里，小鱼发现了一座古老的图书馆。走进图书馆，这里的空气中弥漫着一种神秘的气息，书架上的图书都破旧不堪，其中有一本巨大的魔法之书异常醒目，书的封面上写着"数字的预言"。

　　当小鱼走近这本书，书自动翻开了，上面写着：欢迎勇敢的冒险者，你已经走到了这里，你需要猜出我心中1到100之间的秘密数字，才能继续前进。每猜错一次，我会提示你猜大了或猜小了，同时图书馆的门就会关上一点，直到大门完全关闭。

小鱼吓了一跳，他抬头看去，发现图书馆的大门已经打开了。小鱼需要一个方法，能让他不断地猜数字，直到猜中为止。他回想起之前魔法师教给他的Python魔法，循环无疑是他现在需要的！如果他能用循环不断地猜测数字，就有机会在时间耗尽之前，找到正确的答案。

小鱼决定使用while循环，因为while循环可以在满足某个条件的情况下，不断重复执行循环内容。在小鱼心中，代码的框架逐渐清晰起来。他立马开始了代码的编写工作。

1. 导入随机模块

```python
import random
```

这行代码导入了Python的random模块，以便后续生成随机数。

2. 欢迎信息

```python
print("欢迎来到猜数字游戏！我是你们的魔法向导。")
print("我已经选好了一个1到100之间的秘密数字，看看你们能否猜中它！")
```

上面这两行代码输出了游戏的欢迎信息。

3. 生成秘密数字

```python
secret_number = random.randint(1, 100)
```

使用random.randint()函数，生成一个1到100之间的随机整数，并将这个随机整数赋值给变量secret_number。

4. 初始化变量

```python
guess = 0
tries = 0
```

- 变量guess用于存储玩家猜测的数字，初始值为0。
- 变量tries用于记录玩家猜测的次数，初始值为0。

5. 猜测循环

```
while guess != secret_number:
```

使用while循环使玩家持续进行猜测，直到猜中秘密数字为止。

6. 获取玩家的猜测

```
guess = int(input("猜一猜这个秘密数字是多少: "))
tries += 1
```

通过input()函数，获取玩家的猜测，并将猜测的值转换为整数。每次猜测后，tries会增加1。

7. 判断猜测

```
if guess < secret_number: # 如果猜测的数字小于秘密数字
    print("太小了! 再试一次! ")
elif guess > secret_number: # 如果猜测的数字大于秘密数字
    print("太大了! 再试一次! ")
else:
    print("哇哦! 你猜对了! 秘密数字就是", secret_number, "! 你用了", tries,
"次猜中它! ")
```

上面的代码根据玩家的猜测与秘密数字之间的大小关系，给出相应的提示。

8. 结束信息

```
print("太棒了! 你真是一位了不起的魔法师! ")
```

当玩家猜中数字后，输出祝贺信息。

上述过程的完整代码如下：

```python
import random

print("欢迎来到猜数字游戏！我是你们的魔法向导。")
print("我已经选好了一个1到100之间的秘密数字，看看你们能否猜中它！")


# 生成一个1到100之间的随机整数，作为秘密数字
secret_number = random.randint(1, 100)
guess = 0
tries = 0


# 只要猜测的数字不等于秘密数字，就执行循环操作
while guess != secret_number:
    guess = int(input("猜一猜这个秘密数字是多少："))
    tries += 1

    if guess < secret_number:
        print("太小了！再试一次！")
    elif guess > secret_number:
        print("太大了！再试一次！")
    else:
        print("哇哦！你猜对了！秘密数字就是", secret_number, "！你用了",
tries, "次猜中它！")
print("太棒了！你真是一位了不起的魔法师！")
```

当小鱼完成代码，按下执行键的那一刹那，他的心跳加速，眼睛也紧紧地盯着屏幕，他期待自己的代码能帮助他完成这个挑战。

小鱼一次次地输入自己猜测的数字，每次输入后，图书馆的大门都会关上一点，小鱼的心跳也随之加速。他不断地调整策略，希望能在门完全关闭之前猜中数字。

上述代码的执行过程如图3-11所示。

图 3-11

最终，小鱼用了8次机会，猜中了魔法之书心中的秘密数字，他终于松了一口气。魔法之书的封面突然发出了耀眼的光芒，图书馆的大门也为小鱼打开。

在离开图书馆的时候，小鱼突然发现了一个隐藏在书架后面的小抽屉。他打开抽屉，发现了一块闪闪发光的魔法碎片。小鱼高兴地收起了魔法碎片，继续他的冒险之旅。

3.12 【魔法实践】决策迷宫

在魔法世界的深处，有一个名为决策迷宫的神秘之地。为了成功穿越这个迷宫，你需要使用在本章学到的所有知识：条件、分支、比较、逻辑运算、循环，编写程序，从而实现相应的功能。

任务一：决策之门

询问探险者的年龄，并根据他们的年龄决定他们是否可以进入迷宫。只有年龄在12到60岁之间（包括12岁和60岁）的探险者可以进入迷宫。

任务二：逻辑的十字路口

在迷宫的某个十字路口，有三个门，分别为门A、门B和门C。向探险者提出一个问题：魔法森林的守护者是独角兽吗？如果答案为"是"，则让探险者选择门A；如果答案为"否"，则让探险者选择门B；如果不确定，则让探险者选择门C。

任务三：数字环游的魔法陷阱

探险者只有猜出一个在1到10之间的神秘数字，才能打开一扇门。使用 for 循环，给探险者三次猜测的机会。如果他们猜对了，门就会打开，否则，他们将被重新传送至迷宫的入口。

任务四：水晶之泉的魔法密码

探险者需要说出一个魔法密码，从而获得水晶之泉的神秘力量。只要探险者没有说出正确的密码，就使用 while 循环继续询问他们。探险者只有5次机会，如果猜了5次之后，探险者还是没有猜对，则水晶之泉将消失。

现在，使用你的知识，帮助探险者成功穿越决策迷宫，解锁所有的魔法之门，获得宝贵的魔法力量吧！

第 4 章

召唤魔法生物：函数的奥秘

剧情预告

  随着小鱼深入探索魔法世界，他即将遇到一群神奇的魔法生物。小鱼将学习如何使用函数召唤这些魔法生物，如何与它们沟通，以及如何利用它们的力量来完成各种神奇的任务。从简单的召唤仪式，到与魔法生物的深度交流，再到创造全新的魔法生物，小鱼的编程之旅将更加丰富多彩。

  在本章中，你将深入了解函数的定义、函数调用、参数传递和返回值等核心概念。通过与魔法生物进行互动，你不仅能掌握函数的基础知识，还能体验到函数编程的乐趣。

4.1 寻找失落的魔法生物

小鱼正准备走出图书馆，突然感到一阵强烈的震动。他的视线变得模糊。当他再次睁开眼睛时，发现在图书馆的深处，有一道耀眼光柱。小鱼立即来到光柱旁边，原来是一本古老的魔法生物图鉴在发光。这本图鉴记载了许多魔法生物，每一个魔法生物背后都有一个与之相关的传说。小鱼被这些神秘的生物所深深吸引，决定深入了解它们的传说。

小鱼首先尝试使用列表记录每个生物的名称：

```
magic_creatures = ["火凤凰", "水龙", "土狼", "风鹿"]
```

小鱼意识到只有名称是不够的，他需要知道每个生物的特点和习性。于是，小鱼尝试再建一个列表来存储这些信息，并与上一个列表的信息一一对应：

```
creature_features = ["火焰羽翼，永生不死", "掌控海洋，能呼风唤雨", "坚硬的皮肤，夜行性", "飘逸的身姿，能控制风"]
```

当小鱼想查找某个生物的特点时，他发现使用这样的方法非常麻烦。例如，要查找水龙的特点时，首先需要在 magic_creatures（魔法生物列表）中找到水龙的位置：

```
index = magic_creatures.index("水龙")
```

这行代码使用 index() 方法时，会返回1，因为水龙是列表中的第二个元素（索引从0开始计数）。

然后使用找到的索引，从 creature_features 中获取水龙的特点：

```
print(creature_features[index])
```

此时，计算机会打印"掌控海洋，能呼风唤雨"。

每次需要寻找某个生物时，小鱼都要重复编写上面的代码，这样的方法既繁琐又容易出错。小鱼感到很困惑，他需要一种更加高效、简便的方法来管理这些信息。

正当小鱼犯难的时候，魔法师走了进来。他告诉小鱼，有一种古老的魔法可以帮助他解决这个问题，那就是函数。函数可以将一段代码和与之相关的数据封装起来，形成一个独立的模块。每次需要使用这段代码时，只需要"召唤"这个函数即可。

魔法师进行了示范：

```python
# 定义一个函数，该函数可根据生物的名字，查找生物的特点
def find_creature_feature(creature_name):
  index = magic_creatures.index(creature_name) # 根据生物的名字，查找所在的索引
  return creature_features[index] # 根据索引，查找生物的特点，并返回查找到的特点


# 召唤函数，查找"水龙"
print(find_creature_feature("水龙"))
# 召唤函数，查找"土狼"
print(find_creature_feature("土狼"))
```

上面的代码定义了一个函数find_creature_feature()，这个函数的功能是查找某个生物的特点。当需要查找某个生物的特点时，只需要召唤（调用）这个函数，传入生物的名字即可，而不需要重复编写这个函数。

小鱼看到这个强大的函数功能后，眼中闪过了光芒。他意识到，函数的魔法可以帮助他更高效地管理和查找魔法生物的信息。

他决定立刻学习这种魔法，并用它来帮助自己寻找魔法生物。

4.2 召唤仪式：定义与调用

小鱼站在图书馆的中央，心中充满了期待。他知道，为了召唤魔法生物，他需要学习一种新的魔法技能——定义和调用函数。

小鱼眨了眨眼睛，好奇地问："函数到底是什么？"

魔法师微笑着说："函数就像一个魔法咒语。你可以定义一个咒语，并在需要的时候召唤这个咒语。这样，你就不需要每次都重复相同的魔法动作，只需要召唤这个咒语就可以了。"

小鱼的眼睛亮了起来，他迫不及待地想要学习这种新的魔法。魔法师立马滔滔不绝地给小鱼讲了起来。

1. 函数是什么

想象一下，函数就像你的魔法小助手，可以说是一个小魔法师，帮你完成特定的任务，或者完成重复使用的魔法！

首先，我们可以给小魔法师取一个名字，叫它"小火龙"。

然后，我们可以教它一些魔法，如喷火：

```python
def 小火龙():
    print("喷火!")
```

这样，每次我们调用小火龙()函数时，该函数会帮我们喷一次火！

下面再教小火龙飞翔的魔法：

```python
def 小火龙(飞翔距离):
    print("飞翔了",飞翔距离,"米!")
```

下面，我们教小火龙学习带参数的魔法！这样，在调用函数时，可以指定飞翔的距离：

```python
小火龙(10)
# 飞翔了 10 米!
```

如果不指定飞翔的高度，则会报错，因为小火龙不知道该飞多远。

函数是编程中的小帮手，可重复使用代码，避免重复劳动。我们只要给函数取个名字，定义好可以执行的代码，就可以随时调用这个函数了。所以你一定要好好利用这个小帮手，它会让编程变得更简单。

2. 定义与调用函数

想象一下，你是一个魔法师，刚刚学会了一种全新的魔法，现在需要给这个魔法取个名字。在编程世界中，定义一个函数就是给你的魔法起名字，并告诉计算机这个魔法能做什么。

定义一个函数的语法为：

```
def 函数名():
    函数代码
```

首先，我们给函数取一个名字，然后在下一行写该函数要执行的代码。这里的代码被称为函数体。

例如，我们可以定义一个喷火函数：

```
def 喷火():
    print("噼里啪啦，喷出了火焰!")
```

定义好该函数之后，就可以通过调用它的名字来使用这个函数了：

```
喷火()
# 噼里啪啦，喷出了火焰!
```

调用函数就是通知函数执行代码的指令！只要我们输入函数名，就会运行函数体中的代码。

再举个例子，想定义一个函数，可以让计算机打印出"你好，世界！"的魔法。那么，你可以这样写：

```
def say_hello():
    print("你好，世界! ")
```

看到了吗？def是一个魔法符号，它告诉计算机：我要定义一个新的函数，该函数的名字为say_hello()，函数的代码内容就在冒号后面的缩进里。

现在你已经有了say_hello()函数，如果要使用它，则只需念出它的名字，就像念咒语一样。我们来看看如何调用刚刚定义的say_hello()函数：

```
say_hello()
```

咦，就这么简单？没错！这一行代码就是在告诉计算机，我要使用say_hello()这个函数。计算机会执行这个函数里的代码，并打印出"你好，世界！"。

现在，你是不是觉得调用函数就像召唤你的魔法小助手一样简单呢？

魔法·小·贴士

函数是一段可重复使用的代码块，它可以执行特定的任务并返回结果。通过使用def关键字，我们可以定义自己的函数，并通过函数名来调用它。使用函数时，需要注意以下内容：

- 确保函数名是有意义的，函数名能准确描述函数的功能。
- 除非确实需要使用全局变量，避免在函数中使用全局变量。尽量使函数独立，不依赖于外部状态。

写函数就像教会小精灵新的魔法，小精灵可以帮你重复使用这些魔法。通过定义函数，我们可以大大提高编程效率。多加练习，你也可以创造出许多有趣的函数！

4.3 召唤神奇的魔法生物

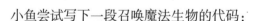

小鱼尝试写下一段召唤魔法生物的代码：

```
def summon_creature(creature_name):
    print(f"召唤{creature_name}！")
```

小鱼解释说："这是一个简单的函数定义。def 是定义函数的关键字，summon_creature 是这个函数的名字，creature_name 是一个参数，代表想召唤的生物名字。"

魔法师点了点头。

小鱼继续说："定义函数后，还需要调用它，才能真正发挥它的魔法效果。"

于是小鱼又写下了以下代码：

```
summon_creature("火凤凰")
```

随着小鱼的召唤，一只火凤凰从天而降，环绕在小鱼身边。

小鱼惊叹道："哇，真的召唤出来了！"

魔法师点了点头："是的，函数就是这么神奇。你可以多次调用同一个函数，通过每次传入不同的参数，可以召唤出不同的生物。"

小鱼非常激动，他继续输入以下代码：

```
# 召唤水龙
summon_creature("水龙")
# 召唤土狼
summon_creature("土狼")
```

随着小鱼的召唤，一个水龙和一个土狼分别出现在他身边。小鱼欣喜地跳了起来，他终于掌握了函数的魔法！

魔法师鼓励地拍了拍小鱼的头："很好，小鱼。你已经学会了函数的基本知识。但是，函数的魔法远不止这些。接下来，我会教你更多关于函数的知识。"

小鱼坐了下来，准备继续深入学习。他知道，只有掌握更多的魔法知识，才能成功完成冒险之旅。

 ## 4.4 魔法生物沟通：参数与返回值

小鱼抬头看着周围的魔法生物，眼睛里闪烁着好奇的光芒："要是能与魔法生物沟通就好了。"

魔法师的脸上露出了微笑："沟通很简单，只需要使用函数的参数和返回值即可。"

小鱼眼中闪过一丝兴奋："参数和返回值？那是什么？"

魔法师解释道："当我们召唤一个魔法生物时，可以通过参数向魔法生物传递信息，告诉它我们的需求。魔法生物会通过返回值，告诉我们它的答案。"

小鱼思考了一下，然后说："就像我问一个问题，然后得到一个答案一样？"

魔法师点头："没错，你可以这么理解。参数就是你提出的问题，返回值就是魔法生物的回答。"

小鱼迫不及待地说："那我们现在就开始学习吧！"

魔法师微笑道："好的，让我们从一个简单的例子开始吧。"

魔法师迅速写下了以下代码：

```python
def ask_creature(name, question):
    # 根据名字和问题，返回相应的回答
    if name == "火凤凰":
        if question == "你的年龄是多少？":
            return "我已经活了1000年。"
        elif question == "你的力量是什么？":
            return "我掌握了强大的火焰魔法。"
    elif name == "水龙":
        if question == "你的年龄是多少？":
            return "我已经活了800年。"
        elif question == "你的力量是什么？":
            return "我掌握了强大的海浪魔法。"
    else:
        return "我不知道这个生物。"
```

小鱼看着这段代码，问："这个函数是怎么工作的呢？"

魔法师解释道："这个函数接收两个参数，一个是魔法生物的名字，另一个是你想问的问题。然后，该函数会根据这两个参数，返回魔法生物的答案。"

小鱼点了点头，表示理解。

魔法师继续说："现在，你可以尝试调用这个函数，向魔法生物提问。"

小鱼迫不及待地试了一下：

```python
# 调用函数，并把返回值赋值给变量answer
answer = ask_creature("火凤凰", "你的年龄是多少？")
print(answer)
```

屏幕上显示：我已经活了1000年。

小鱼欢呼起来："我做到了！我真的与魔法生物沟通了！"

魔法师满意地点了点头："很好，小鱼。为了能让你完全掌握函数的参数和返回值，接下来我再详细讲一下。"

1. 函数的参数

我们在使用魔法时，有时需要向魔法师传递一些特殊的信息，让他们知道应该怎么使用魔法。在编程中，函数也可以接受一些特殊的信息，这些信息被称为参数。

想象一下，你是一名甜点师，你的朋友要求你制作一些美味的甜点。但是，不同的朋友喜欢不同的口味，有的喜欢巧克力，有的喜欢草莓。为了制作不同口味的甜点，你需要知道朋友想要什么口味的甜点。在这个例子里，朋友的口味是参数，你根据他们的口味，制作不同的甜点。

在Python中，我们可以在定义函数时，告诉函数需要接受哪些参数。例如，我们可以这样定义一个函数，它可以打印出朋友想要的口味：

```python
def make_dessert(flavor):
    print("制作一个美味的", flavor, "口味的甜点！")
```

在这个函数中，flavor是参数，它是一个占位符，表示朋友想要的口味。当我们调用这个函数时，只需要告诉该函数想要的口味，就会制作出对应口味的甜点。

现在，让我们来使用这个有参数的魔法吧！假设你的朋友想吃一个草莓口味的甜点，则可以这样调用函数：

```python
make_dessert("草莓")
```

咦，为什么函数里的flavor变成了草莓呢？这是因为我们在调用函数时，把"草莓"这个信息传递给了函数。函数就像你的魔法小助手，接受到这个信息后，会按照指示，制作出草莓口味的甜点。

参数使函数根据不同的情况，执行不同的操作。通过传递参数，可以让函数变得更加灵活、实用！

函数可以有多个参数，可以使用逗号分隔多个参数：

```python
def 喷水(距离, 容量):
    print("喷出了", 容量, "升水，有", 距离, "米远!")
```

```
喷水(10, 5)
# 输出结果：喷出了 5 升水，有 10 米远！
```

2. 参数的返回值

除了传递信息，有时候你可能还希望通过魔法，制作出一些宝贵的东西。在编程中，我们可以让函数产生一些特殊的成果，这些成果被称为返回值。

还是拿做甜点的例子来说，假设你制作出了一颗美味的糖果，你希望把这颗糖果交给朋友。在这个例子里，制作出的糖果就是返回值，是函数完成后的成果。

在Python中，我们可以使用return语句指定函数的返回值。让我们来看一下，如何制作并返回一颗糖果：

```
def make_candy(flavor):
    candy = "一个" + flavor + "口味的糖果"
    return candy
```

在这个函数中，用return语句告诉函数：我制作了一个口味为flavor的糖果，现在把它交给我！然后，函数就会把这颗糖果作为返回值，交给调用它的人。

现在，让我们看看如何接收这颗糖果吧：

```
# 调用函数，并接收返回值
favorite_candy = make_candy("巧克力")
print("我收到了一个特别美味的糖果: ", favorite_candy)
```

在这段代码中，我们调用了make_candy("巧克力")函数，并制作出一个巧克力口味的糖果。然后，我们把这颗糖果存到favorite_candy这个变量中，最后，我们打印出消息，证明我们收到了宝贵的糖果。

让我们再来看一个例子，计算两个数的和：

```
def 计算(数1, 数2):
    和 = 数1 + 数2
    return 和
```

```
结果 = 计算(1, 2)
print(结果)  # 结果为3
```

return后面的值是函数的返回值，是函数的最终执行结果。通过传递参数，你可以让函数根据不同的信息执行不同的任务。通过返回值，函数可以把它的成果交给你。这就是函数的神奇之处！

魔法小·贴士

参数是传递给函数的值，为函数提供了执行该函数所需的信息。函数可以有多个参数，也可以没有参数。return语句用于从函数返回一个值。如果没有return语句，则函数默认返回None。掌握了参数和返回值，你就可以编写更加动态的函数，从而满足各种需求。请注意以下几点：

- 当定义函数时，确保参数名清晰、有意义，能准确描述函数的用途。
- 函数应该有明确的返回值，这样调用者可以知道函数的执行结果。

参数和返回值是函数的灵魂，它们允许我们与函数进行双向交流，传递信息并接收结果。

4.5 魔法生物的力量：乘法咒语

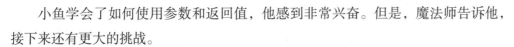

小鱼学会了如何使用参数和返回值，他感到非常兴奋。但是，魔法师告诉他，接下来还有更大的挑战。

"小鱼，你知道魔法生物中的乘法兽吗？"魔法师问。

"乘法兽？"小鱼摇摇头，表示不知道。

魔法师继续说："乘法兽是一种非常特殊的魔法生物，可以快速复制自己。但是，它们的复制是有规律的，会按照乘法的方式进行复制。例如，如果有两只乘法兽，则过一会儿就会变成四只乘法兽，再过一会儿就会变成八只乘法兽。"

小鱼的眼睛亮了起来："哇，这真的很神奇！"

魔法师微笑道："是的，如果你想召唤乘法兽，则需要掌握乘法咒语。这个咒语其实就是乘法表。"

小鱼想了想，说："我记得小时候学过乘法表，但现在有点忘记了。"

魔法师说："没关系，你可以使用Python魔法来帮助你。"

1. 定义乘法表函数

小鱼决定试一试，他打开自己的笔记本电脑，开始编写代码：

```python
def 打印乘法表():
    for i in range(1, 10):
        for j in range(1, i+1):
            print(f"{j} x {i} = {i*j}", end="\t")
        print()
```

这个函数使用两个for循环来打印完整的乘法表。外层循环控制乘法表的行数，内层循环控制每行的列数。每次内层循环都会打印出一个乘法表达式，并更新循环变量j。当内层循环完成后，会打印一个换行符，并更新外层循环变量i。这个过程会一直重复，直到不再满足外层循环条件为止。

- def 打印乘法表()：定义了一个名为"打印乘法表"的函数。
- for i in range(1,10)：外层循环，i的值从1到9。i负责控制乘法表的行。
- for j in range(1,i+1)：内层循环，j的值从1开始，到i的值为止。例如，当i为3时，只需要打印1×3、2×3和3×3。
- print(f"{j} x {i} = {i*j}", end="\t")：这行代码用于打印乘法表的每一个乘法公式。例如，当i为3、j为2时，会打印2×3 = 6。end="\t"表示每次打印后，不换行，而是添加一个制表符（即一个空格），制表符使输出的乘法公式整齐地排列。
- print()：这是外层循环结束后的代码，它的作用是在打印完一行乘法公式后换行，以便开始打印下一行。

上述代码的流程图如图4-1所示。

每执行一次外层循环，都会打印一行内容并换行。这样通过嵌套循环，就可以打印出完整的乘法表了！

这个函数的好处是，可以方便地多次调用该函数打印乘法表，而不用每次都重复编写这些代码。

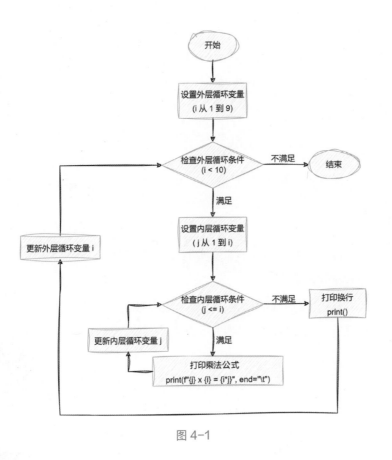

图 4-1

2. 调用函数

定义好乘法表函数后，可以这样调用该函数：

打印乘法表()

屏幕上开始出现了乘法口诀表，从1×1开始，逐行打印到9×9：

```
1 x 1 = 1
1 x 2 = 2      2 x 2 = 4
1 x 3 = 3      2 x 3 = 6      3 x 3 = 9
1 x 4 = 4      2 x 4 = 8      3 x 4 = 12     4 x 4 = 16
1 x 5 = 5      2 x 5 = 10     3 x 5 = 15     4 x 5 = 20     5 x 5 = 25
1 x 6 = 6      2 x 6 = 12     3 x 6 = 18     4 x 6 = 24     5 x 6 = 30
6 x 6 = 36
1 x 7 = 7      2 x 7 = 14     3 x 7 = 21     4 x 7 = 28     5 x 7 = 35
```

6 x 7 = 42	7 x 7 = 49			
1 x 8 = 8	2 x 8 = 16	3 x 8 = 24	4 x 8 = 32	5 x 8 = 40
6 x 8 = 48	7 x 8 = 56	8 x 8 = 64		
1 x 9 = 9	2 x 9 = 18	3 x 9 = 27	4 x 9 = 36	5 x 9 = 45
6 x 9 = 54	7 x 9 = 63	8 x 9 = 72	9 x 9 = 81	

一个个小小的、透明的生物从乘法表中飞了出来，它们围绕着小鱼旋转，仿佛一群快乐的精灵。

魔法师惊讶地说："你做到了，小鱼！这就是乘法兽！"

小鱼看着这群透明的生物，它们的身体上有乘法符号，它们飞舞着，仿佛在为小鱼表演一场美妙的舞蹈。

小鱼高兴地说："它们真的很美，我成功地召唤出了乘法兽！"

魔法师点点头："是的，你使用了正确的咒语，成功召唤出了乘法兽。"

乘法兽在小鱼周围飞舞了一会儿，然后渐渐消失在空气中。

小鱼坚定地说："我会继续努力，学习更多的魔法咒语，召唤更多的魔法生物。"

魔法师微笑着摸了摸小鱼的头："我相信你可以的，小鱼。"

4.6 魔法计算器：四大算术精灵

小鱼和魔法师来到图书馆中的一个巨大的圆形大厅内。

小鱼刚刚完成了召唤乘法兽的挑战，正当他以为可以休息时，魔法师突然神秘地对他说："小鱼，你已经成功召唤了乘法兽，但这只是开始。接下来的挑战将考验你的智慧和决策。"

小鱼好奇地问："什么挑战？"

魔法师指向大厅的中央，那里有一个巨大的魔法圆环，上面刻着各种神秘的符号。魔法师解释说："这是一个古老的魔法计算器，它可以召唤出四大算术精灵，包括加法精灵、减法精灵、乘法精灵和除法精灵。但是，召唤它们需要你用代码，完成一个包含加法、减法、乘法、除法功能的计算器。"

小鱼仔细地观察魔法圆环，发现上面的符号似乎与他之前学过的算术运算有关。他决定尝试使用Python来召唤这些精灵。

魔法师又补充说："这个魔法计算器有一个特殊的规则。你必须在五分钟内完成召唤，否则计算器会启动自毁程序，整个图书馆都会被毁灭。"

小鱼吓得心跳加速，他深呼吸后，开始编写代码。

首先，小鱼定义了加法、减法、乘法、除法四个函数：

```python
# 加法函数
def add(num1, num2):
    result = num1 + num2
    return result
# 减法函数
def subtract(num1, num2):
    result = num1 - num2
    return result
# 乘法函数
def multiply(num1, num2):
    result = num1 * num2
    return result
# 除法函数
def divide(num1, num2):
    result = num1 / num2
    return result
```

这四个函数都使用了两个参数 num1 和 num2，函数体内的代码将这两个数字分别进行加、减、乘、除操作，并使用 return 语句返回运算结果。

小鱼知道，仅仅定义函数是不够的，他还需要调用这些函数来召唤算术精灵。他迅速编写了一个交互式程序，用户可以通过输入数字，选择要进行的算术操作。

这个程序非常友好地显示了一个欢迎消息，告诉用户计算器可以进行哪些操作，并提示用户选择相应的操作：

```python
print("欢迎使用魔法计算器！")
print("请选择操作：")
```

```python
print("1. 加法")
print("2. 减法")
print("3. 乘法")
print("4. 除法")
choice = int(input("请输入操作编号: "))
```

随着时间的流逝，魔法圆环上的符号不断发出耀眼的光芒，整个大厅都被光芒笼罩。小鱼知道，他必须加快速度。

小鱼继续编写代码，使用条件语句来判断用户的选择，调用函数执行相应的计算操作，并输出结果：

```python
# 如果用户选择了1，则执行加法操作
if choice == 1:
    num1 = float(input("请输入第一个数字: "))
    num2 = float(input("请输入第二个数字: "))
    result = add(num1, num2)
    print("计算结果: ", result)
# 如果用户选择了2，则执行减法操作
elif choice == 2:
    num1 = float(input("请输入第一个数字: "))
    num2 = float(input("请输入第二个数字: "))
    result = subtract(num1, num2)
    print("计算结果: ", result)
# 如果用户选择了3，则执行乘法操作
elif choice == 3:
    num1 = float(input("请输入第一个数字: "))
    num2 = float(input("请输入第二个数字: "))
    result = multiply(num1, num2)
    print("计算结果: ", result)
# 如果用户选择了4，则执行除法操作
elif choice == 4:
    num1 = float(input("请输入第一个数字: "))
    num2 = float(input("请输入第二个数字: "))
    result = divide(num1, num2)
    print("计算结果: ", result)
```

```
else:
    print("无效的选择")
```

到此为止，实现计算器功能的代码就完成了。小鱼迅速地在笔记本电脑上运行了上述代码。随着加、减、乘、除操作的执行，四大算术精灵的影子也开始在圆环上浮现。

程序运行的部分操作过程如图4-2所示。

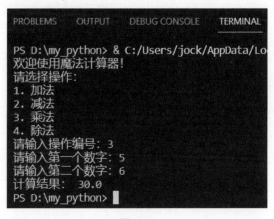

图 4-2

终于，大厅中央的魔法圆环发出强烈的光芒，四大算术精灵正式出现在小鱼的面前。它们的身影虚幻又真实，每一个精灵都散发出强大的魔法气息。

这次的挑战让小鱼明白，魔法的世界充满无限可能，只要他努力学习，就可以掌握更多的魔法，成为真正的魔法师。

思维导图

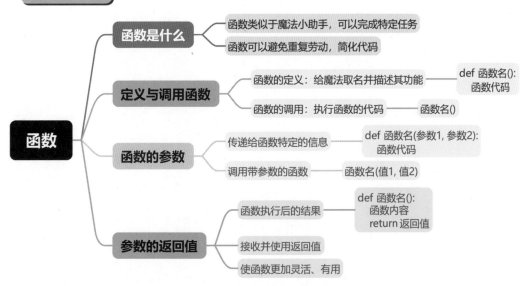

4.7 【魔法实践】魔法生物的召唤

在魔法世界中，每个魔法生物都有其独特的技能和属性。你的任务是使用在本章中学到的知识，召唤和管理这些魔法生物。

任务一：魔法生物的基础属性

定义一个函数，该函数可以为魔法生物创建基础属性，如名字、种族和魔法能力值。

任务二：召唤魔法生物

使用你刚刚创建的函数，召唤三种不同的魔法生物，并将它们存储在一个列表中。

任务三：魔法生物的特殊技能

为每种魔法生物定义一个函数，该函数可以描述魔法生物的特殊技能。例如，精灵可以治愈生物、龙可以喷火、仙子可以变小。

任务四：展示魔法生物的技能

遍历你的魔法生物列表，根据它们的种族调用相应的技能函数，展示它们的特殊技能。

现在，使用你的知识，召唤和管理魔法生物，并展示他们的独特技能。

第 **5** 章

古老的遗迹：高级魔法技能

剧情预告

　　小鱼来到了一个古老的遗迹，这里隐藏着一些被遗忘的高级魔法技能。这些技能不同于他之前学到的魔法，高级魔法技能更加强大，但同时也更加复杂，需要更多技巧，才能掌握这些魔法。

　　在本章中，小鱼将探索这些古老的魔法技能，学习如何利用模块和库来扩展他的魔法能力、读写神秘的魔法图书，以及学习如何通过网络与其他魔法师进行交流。他还将遇到一些魔法中的难题，如异常处理。

　　在本章中，你将深入了解Python的模块、文件操作、网络编程、异常处理等高级技能。通过与小鱼一起在古老遗迹中冒险，你不仅能掌握这些高级技能，还能体验到编程的乐趣。

5.1 遗迹中的秘密：模块与库

小鱼和魔法师来到了一个古老的遗迹。这个遗迹隐藏在一片密林之中，被称为"编程之地"。遗迹的入口是一扇巨大的铁门，上面刻着许多神秘的符号和图案。

小鱼试图推开铁门，但门紧紧关着。魔法师告诉小鱼，要打开这扇门，必须解开上面的谜题。

小鱼仔细观察，发现铁门上有一个提示：计算1到10之间每个数字的阶乘。

小鱼苦思冥想，终于想到了一种方法。他立马在自己的笔记本电脑上写下以下代码，这些代码定义了一个求数字阶乘的函数：

```python
# 计算n的阶乘
def factorial(n):
    result = 1
    for i in range(1, n + 1):
        result *= i
    return result
```

魔法师看了一眼小鱼写的代码，笑着说："还有更简单的实现方式，只需一行代码就能实现你上面的函数。"

小鱼被惊呆了，他以为函数已经很厉害了，没想到还有更厉害的魔法。

魔法师告诉小鱼，有一种魔法叫"模块与库"，它可以帮助我们更加便捷地使用魔法。小鱼满怀好奇，迫不及待地了解这个神秘的魔法。

魔法师解释道："在编程的世界里，模块和库像一本本魔法书，里面装满了各种各样的魔法咒语和技巧，是其他魔法师们创造的魔法集合，供大家共享使用。通过使用模块和库，我们可以快速获得一些常用的魔法效果，而不必从头开始编写。"

小鱼眼前一亮："那模块和库有什么区别呢？"

魔法师解答道："模块和库都是用来封装一些功能的。模块通常是包含一组相关功能的文件，我们可以在自己的代码中导入这个模块，然后使用其中的功能。库是包含多个模块的集合，可以提供更丰富的魔法效果。"

1. 什么是模块

假设你在各个地方寻找神奇的魔法咒语，每次你找到一个新的魔法咒语时，都会把它记在魔法手册中，这样就可以随时翻阅和使用这些魔法。在编程中，模块就像这个魔法手册，可以把函数组织起来，便于随时使用这些函数。

模块是包含一组相关函数、变量和其他代码的文件。把函数放进模块中，就可以把代码分成多个部分，每个部分负责不同的功能。这就像魔法手册被分成不同的章节，每个章节都包含不同类型的魔法。

现在，让我们来创建一个属于自己的模块吧！假设你收集了很多有趣的数学魔法函数，你可以把它们放进一个叫作math_magic.py的文件中。

2. 创建模块

首先，创建一个新的文件，将该文件命名为math_magic.py。然后，在这个文件里，定义你之前创建过的加法、减法、乘法和除法函数：

```python
# math_magic.py
# 加法函数
def add(num1, num2):
    result = num1 + num2
    return result
# 减法函数
def subtract(num1, num2):
    result = num1 - num2
    return result
# 乘法函数
def multiply(num1, num2):
    result = num1 * num2
    return result
# 除法函数
def divide(num1, num2):
    result = num1 / num2
    return result
```

现在，魔法模块就准备好了，这个模块包含你之前定义的数学函数。

3. 使用模块

现在让我们试试如何使用这个魔法模块吧！在另一个文件中，你可以导入该魔法模块，然后使用其中的函数：

```python
# 导入模块
import math_magic


num1 = float(input("请输入第一个数字："))
num2 = float(input("请输入第二个数字："))


# 使用模块中定义的函数
sum_result = math_magic.add(num1, num2)
print("加法结果：", sum_result)


difference_result = math_magic.subtract(num1, num2)
print("减法结果：", difference_result)


product_result = math_magic.multiply(num1, num2)
print("乘法结果：", product_result)


quotient_result = math_magic.divide(num1, num2)
print("除法结果：", quotient_result)
```

在这段代码中，我们首先使用import语句，导入魔法模块math_magic。然后，使用math_magic.add()等语句，调用模块中的函数，并执行相应的计算操作。

通过创建和使用模块，你可以让代码变得更加有序、灵活。模块像你的魔法手册，帮助你组织和分享魔法函数，让代码变得更加强大！

4. 常用的库

在Python中，有许多常用的库，不同的库有不同的用途。这些库不需要我们自已编写，在你需要这些库的时候导入这些库即可。

（1）math 库

math库是Python内置的数学库，该库提供了许多数学函数，可以帮助我们进行各种数学计算，如求平方根、取绝对值、计算三角函数等。

要使用math库，首先需要导入它：

```
import math
```

此时就可以使用库中的函数了。例如，如果想计算一个数的平方根，则可以使用math.sqrt()函数：

```
# 计算一个数的平方根
num = float(input("请输入一个数字: "))
square_root = math.sqrt(num)
print("它的平方根是: ", square_root)
```

（2）random 库

接下来，让我们来了解一下random库，它可以帮助我们生成随机数据。在编程中，有时需要生成一些随机数据，如抽奖、随机选取元素等。

如果想使用random库，则需要先导入它：

```
import random
```

然后，就可以使用库中的函数了。例如，如果想随机生成一个1到6之间的整数，用于模拟掷骰子的情景，则可以使用random.randint()函数：

```
dice_roll = random.randint(1, 6)
print("掷出的点数是: ", dice_roll)
```

（3）datetime 库

另一个常用的库是datetime库，它可以帮助我们处理日期和时间。有时候，我们需要获取当前的日期和时间，或者计算两个日期之间的时间差，就可以使用datetime库。

若要使用datetime库，则需提前导入它：

```
import datetime
```

此时就可以使用库中的函数了。如果想获取当前的日期和时间，则可使用
datetime.datetime.now()函数：

```
current_time = datetime.datetime.now()
print("当前的日期和时间是: ", current_time)
```

通过使用这些常用的Python库，可以在编程中更加得心应手。这些库就像魔法
宝箱，提供了许多有用的函数和工具，帮助你完成各种各样的任务。

听完魔法师讲解后，小鱼知道怎么用更简单的方法完成"计算1到10之间每个
数字的阶乘"的任务了，他写下以下代码：

```
# 导入math库
import math


# 循环从1到10的数字
for i in range(1, 11):
    # 使用math库的factorial()函数，计算某个数字的阶乘
    factorial = math.factorial(i)
    print(f"{i}的阶乘是: {factorial}")
```

◆ 解 析

- for i in range(1, 11)：这行代码开始一个for循环，遍历从1到10的数字。注意，
  range(1, 11)实际上会生成从1到10之间的数字，不包括11。
- factorial = math.factorial(i)：这行代码调用了math库中的factorial()函数，计算
  变量i的阶乘，并将结果存储在变量factorial中。

这段代码的运行结果为：

```
1的阶乘是: 1
2的阶乘是: 2
3的阶乘是: 6
4的阶乘是: 24
```

```
5的阶乘是：120
6的阶乘是：720
7的阶乘是：5040
8的阶乘是：40320
9的阶乘是：362880
10的阶乘是：3628800
```

随着程序的成功运行，铁门缓缓打开。小鱼和魔法师走了进去，他们发现这片遗迹其实是古代魔法师们的学院，里面藏着许多古老的魔法知识。

小鱼感慨地说："原来模块和库如此强大，能让我们站在巨人的肩膀上，更快地解决问题。"

魔法师点点头，说："是的，学会使用模块和库是成为一名优秀魔法师的关键。"

魔法小·贴士

模块是包含Python代码的文件，可以被其他模块或脚本导入并使用。库是一组相关模块的集合。模块和库共同提供某种功能或解决某类问题。使用import语句可以导入模块或库，从而利用模块和库的功能。

掌握模块和库的概念后，你将能更好地组织和复用代码，提高编程效率。Python有丰富的标准库和第三方库，学会如何使用这些库，将大大提升你的编程能力和解决问题的能力。

- 当导入模块或库时，确保它们已经被安装在正确的路径上。
- 使用as关键字为导入的模块或库提供别名，以避免命名冲突。

5.2 魔法的传承：文件的读写

小鱼和魔法师继续他们的探险，他们沿着古老的遗迹不断深入。他们发现，墙壁上开始出现一些古老的文字和图案，这些文字和图案似乎记载了某种古老的魔法知识。

"这些是什么？"小鱼好奇地问。

魔法师凝视了一会儿，然后说："这是古代魔法师们传承的知识，他们使用特殊的方法，将知识保存在这些墙壁上，以便后代学习。"

小鱼仔细观察，发现墙壁上的文字和图案都是用某种特殊的墨水绘制的，这种墨水似乎具有魔法效果，可以长时间不褪色。

"我们现在使用的魔法图书和卷轴，其实都是从这些古老的知识演变而来的。"魔法师解释说。

小鱼突然有了一个想法："既然这些知识是如此的宝贵，我们能不能将它们复制下来，带回学院供大家学习？"

魔法师点了点头："这是个好主意。但是，我们不能直接将这些墙壁带走。我们需要一种方法来读取这些知识，并写入我们的魔法书中。"

小鱼想了想，突然灵光一闪："在Python中，我们可以使用文件的读写操作来保存数据。墙壁上的知识不就是数据吗？我们可以使用类似的方法来保存这些知识。"

魔法师赞同地点了点头："没错，这正是我想教给你的下一个魔法技能——文件的读写。"

魔法师开始教小鱼如何使用Python中的文件操作读取和写入数据。

1. 打开和关闭文件

在Python中，我们使用文件存储和读取数据，就像在现实生活中使用书本记录和阅读内容一样。首先，需要打开这本魔法书，并写入内容。当我们完成写入操作后，需要关闭这本书，以确保魔法被妥善保存：

```python
# 打开文件，准备写入内容
magic_book = open("magic.txt", "w")  # w 参数表示使用写入模式


# 写入内容
```

```
magic_book.write("hello!\n")

magic_book.write("Python Magic File!\n")

magic_book.write("Thank you!\n")


# 关闭文件

magic_book.close()
```

这段代码通过使用open()函数，打开了一个名为magic.txt的文件，并使用w参数表示要在文件中写入内容。然后，使用write()函数，分别写入三行内容，每行内容后面使用\n，表示换行。最后，使用close()函数关闭文件，就像合上一本书一样，将魔法保存起来。

2. 读取文件

既然我们已经将内容写在文件中，现在是时候来读取这些内容了！就像我们打开魔法书读取咒语一样，我们可以读取Python文件：

```
# 打开文件，准备阅读内容

magic_book = open("magic.txt", "r")  # r 参数表示读取模式

# 读取内容

magic_spells = magic_book.readlines()

# 关闭文件

magic_book.close()


# 打印读取到的内容

for spell in magic_spells:

    print("我学会了一个魔法: ", spell.strip())
```

这段代码使用open()函数，打开之前写入的magic.txt文件，表示我们要读取其中的内容。然后，使用readlines()函数，按行读取魔法书中的内容，并将内容存储在名为magic_spells的列表中（文件中的每一行都作为列表中的一个元素）。接着，我们使用close()函数关闭魔法书，就像我们读完书中的内容后，合上书一样。最后，我们使用循环遍历列表，并通过print()函数打印出魔法咒语。

运行上面这段代码，输出如下结果：

我学会了一个魔法：hello!

我学会了一个魔法：Python Magic File!

我学会了一个魔法：Thank you!

下面这些技巧可以帮助你更好地使用文件读写操作：

- 小心保护文件：与现实世界一样，保护好你的文件非常重要。确保在写入或阅读文件后，使用close()函数关闭文件。
- 咒语的换行：在写入内容时，可以在每个内容的末尾加上\n表示换行，使内容更清晰。
- 使用适当的模式：在使用open()函数时，选择适当的模式，如使用 w 模式写入文件，使用 r 模式读取文件。

小鱼跟着魔法师一步步进行学习。他很快就掌握了这些技能，并开始尝试将墙壁上的知识读取并写入到他的魔法书中。

经过一番努力，小鱼成功地将大部分知识保存到他的魔法书中。小鱼和魔法师都感到非常开心。

"这真是一个神奇的技能！"小鱼兴奋地说。

魔法师微笑地点了点头："是的，知识的传承是非常重要的。文件的读取和写入正是我们实现这一目标的有效工具。"

两人继续他们的探险，带着这些宝贵的知识，继续深入探索古老的遗迹。

魔法小·贴士

　　文件操作是编程中的基础技能，允许我们与存储在磁盘上的数据进行交互。Python提供了简单的内置函数，如open()、read()、write()、close()，帮助我们读取和写入文件。文件可以有不同的模式，如只读(r)、只写(w)、追加(a)等。

　　掌握文件操作后，你将能处理各种数据源，如文本文件、CSV文件、日志文件等。在未来的编程旅程中，文件操作将为你打开数据处理、数据分析和自动化的大门。

- 在操作文件时，始终确保正确关闭文件，以释放资源，避免数据丢失或损坏。
- 当写入文件时，要注意不要覆盖已有的内容。
- 在处理文件路径和文件编码时要特别小心，确保跨平台的兼容性。

5.3 古老的通信法：网络编程

小鱼和魔法师来到遗迹中的古老广场。广场的中央有一个巨大的魔法圆球，上面刻着古老的符文和图案。这个圆球被称为星际之门。

魔法师指着星际之门说："这是魔法师用来与遥远星球上的魔法师进行交流的工具。每当两个星球的魔法师想要交流时，他们就会通过这个星际之门建立一个魔法连接。"

小鱼好奇地问："那我们能试试看吗？"

魔法师微笑道："当然可以，首先你需要学习一些基础的网络编程知识。"

小鱼好奇地问："网络编程？"

魔法师微笑着解释："网络允许电脑、手机和其他设备之间进行相互交流。就像我们在魔法森林中相互传递信息一样，通过网络，信息可以在不同的地方进行传输。"

例如，在魔法世界中，要给一个远在千里之外的朋友发送消息，可以使用套接字（Socket），它就像魔法信鸽一样，是计算机之间进行通信的一种方式。通过套接字，我们可以在网络上的不同计算机之间发送消息和文件。Python提供了内置的套接字模块，便于我们轻松地创建和使用套接字。

在网络通信中，通常有两个重要的角色：服务端和客户端。服务端就像是提供服务的大厅，等待并处理客户端的连接请求，同时提供相应的服务。客户端就像是来到大厅的人，它可以向服务端发出请求，获取所需要的数据或资源。

在Python中，我们可以编写服务端和客户端的代码。服务端使用套接字监听并等待客户端的连接请求，客户端使用套接字，与服务端建立连接并发送请求。

接下来，我们使用一个简单的例子，介绍如何创建服务端和客户端。我们将学习如何使用Python创建一个简单的魔法信鸽系统，包括接收方（服务端）和发送方（客户端）。

1. 创建服务端

下面编写一个简单的聊天程序，让两台计算机可以相互发送消息。

首先，我们需要创建一个服务端，它会监听特定的端口，等待客户端的连接请求。一旦有客户端连接，服务端就可以接收客户端发送的消息，并作出相应的响应。

步骤 1 创建套接字

套接字是用于网络通信的终端，类似于电话的端口。我们使用socket()函数，创建一个套接字对象：

```python
# 导入模块
import socket
# 创建一个套接字对象
server_socket = socket.socket(socket.AF_INET, socket.SOCK_STREAM)
```

解 析

- socket.AF_INET：套接字的地址簇（Address Family）标识符，表示我们使用IPv4地址。IPv4是常用的互联网协议版本。
- socket.SOCK_STREAM：套接字的类型，表示我们使用流式套接字。流式套接字提供了一个可靠的、面向连接的通信，类似于电话或者网络聊天程序。

步骤 2 绑定地址和端口

在网络编程中，当你创建了一个服务端时，需要指定服务端的地址和端口，以便其他计算机能通过网络找到你的服务端。

我们将服务端的地址和端口绑定到套接字，这样套接字就会监听这个地址和端口，等待客户端的连接请求：

```python
# 指定地址和端口
server_address = ('127.0.0.1', 12345)
# 绑定至套接字
server_socket.bind(server_address)
```

在上面这段代码中，使用 server_address，指定服务器的地址和端口。

解 析

- 127.0.0.1：一个特殊的IP地址，被称为本地回环地址（Loopback Address）。

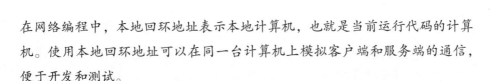

在网络编程中，本地回环地址表示本地计算机，也就是当前运行代码的计算机。使用本地回环地址可以在同一台计算机上模拟客户端和服务端的通信，便于开发和测试。

- 12345：一个端口号，用于标识服务端上不同的网络服务。端口号是一个数字，可以是0到65535之间的任意值。通常，一些特定的端口号用于特定的服务，如HTTP通信使用80端口，HTTPS通信使用443端口。

步骤 3 监听连接

在网络编程中，当服务端已经创建并绑定地址和端口后，就可以监听来自客户端的连接请求了。

使用listen()方法开始监听连接。此时服务端已经准备好接受客户端的连接请求：

```
server_socket.listen()
```

当调用 listen() 方法时，服务端套接字就会进入监听状态，等待客户端的连接请求。服务端开始接受传入的连接，并将这些连接进行排序处理。监听状态的套接字不会立即开始通信，而是在接收到连接请求后，才会开始进行通信。

魔法小·贴士

listen()方法不需要传递任何参数，因为服务端已经绑定了地址和端口，服务端知道要监听哪个地址和端口。一旦调用了 listen() 方法，服务端就准备好等待客户端的连接了。当有客户端发起连接请求时，服务端将开始处理连接，并创建一个新的套接字与客户端进行通信。

步骤 4 等待客户端连接

使用如下代码，接受客户端的连接请求：

```
client_socket, client_address = server_socket.accept()
```

当调用 accept() 方法时，服务端套接字会进入阻塞状态，等待客户端的连接请求。一旦有客户端的连接请求，accept()方法就会返回两个值，一个值表示与客户端通信的新套接字对象 client_socket，另一个值是客户端的地址信息 client_address。

新套接字对象 client_socket 专门用于与连接的客户端进行通信。通过这个套接字对象，服务端可以发送和接收数据，并与客户端进行交互。client_address 是一个包含客户端地址信息的元组，形式通常是 (IP地址, 端口号)。

魔法小贴士

一旦完成了与客户端的通信，服务端就可以关闭套接字 client_socket。在每次接受新连接时，服务端都会得到一个新的 client_socket，因此服务端可以同时处理多个客户端的连接。

步骤 5 接收和发送消息

在服务端和客户端之间接收和发送数据的代码为：

```python
# 接收消息，每次最多接收1024个字节
data = client_socket.recv(1024)
# 发送消息
client_socket.send("Hello, Client!".encode())
```

服务端和客户端之间可以使用send()和recv()方法来发送和接收消息。

recv() 方法用于从客户端接收数据，在一次接收中，服务端最多可以接收 1024 个字节的数据。服务端通过调用 recv() 方法，等待客户端发送的数据。如果客户端发送了数据，则服务端会接收这些数据，并将数据存储在变量 data 中。

send() 方法将消息字符串发送给客户端。在上述代码中，我们发送了一个简单的问候消息 "Hello, Client!"。由于网络传输的数据必须是字节类型，所以我们使用 encode() 方法，将字符串编码为字节数据，再发送给客户端。

此时，服务端可以与客户端进行双向通信。服务端可以等待客户端的消息，接收并处理客户端的请求，并将回应发送给客户端。

步骤 6 关闭套接字

当结束通信后，需要关闭服务端和客户端的套接字，从而释放资源：

```
client_socket.close()
server_socket.close()
```

服务端的完整代码如下：

```python
import socket

# 创建一个套接字
server_socket = socket.socket(socket.AF_INET, socket.SOCK_STREAM)

# 设置服务端地址和端口
server_address = ('127.0.0.1', 12345)
server_socket.bind(server_address)

# 监听连接
server_socket.listen()

# 等待客户端连接
print("等待客户端连接...")
client_socket, client_address = server_socket.accept()
print(f"已连接客户端: {client_address}")
data = client_socket.recv(1024)
print("收到来自客户端的消息:", data.decode())
# 向客户端发送消息
client_socket.send("Hello, Client!".encode())
```

```
# 关闭套接字，释放资源
client_socket.close()
server_socket.close()
```

通过以上步骤，我们已经成功创建了一个简单的服务端，它可以监听特定的端口，等待客户端的连接请求，并与客户端进行通信。

2. 创建客户端

步骤 1 创建套接字

客户端需要使用 socket() 函数，创建一个套接字对象，用于与服务端通信：

```
# 导入模块
import socket
# 创建一个套接字对象
client_socket = socket.socket(socket.AF_INET, socket.SOCK_STREAM)
```

◆ 解 析

- socket.AF_INET：该参数指定了套接字的地址族（Address Family），这里使用IPv4地址。IPv4是一种常用的互联网协议，使用32位的地址标识网络中的设备。
- socket.SOCK_STREAM：该参数指定了套接字的类型，这里选择SOCK_STREAM，表示使用TCP协议进行可靠的、面向连接的通信。TCP协议确保数据在传输过程中不会丢失、损坏或乱序，适用于需要可靠通信的场景。

步骤 2 连接服务端

将客户端连接至指定的服务端，以便在两者之间建立网络通信：

```
server_address = ('127.0.0.1', 12345)
client_socket.connect(server_address)
```

上面的代码使用connect()方法，将客户端连接至服务端的地址和端口，从而与服务端建立通信。同时定义了server_address变量，它是一个元组，包含两个元素：

- 127.0.0.1：特殊的IP地址，表示本地主机，即客户端所在的计算机。
- 12345：服务端的端口号。端口号是用于区分不同服务的数字，指定了数据在服务器上如何路由到正确的应用程序。在网络通信中，服务端通常监听某个特定的端口，以便客户端可以与服务端建立连接。

接着，我们使用client_socket.connect(server_address)，将客户端的套接字连接到指定的服务端地址和端口。该操作会触发客户端向服务端发送连接请求，如果服务端允许连接，则会接受客户端的连接请求，建立双向通信的通道。

步骤 3 发送和接收消息

与服务端建立连接后，客户端可以使用send()方法，发送消息到服务端，然后使用 recv() 方法接收服务端返回的消息：

```
# 消息内容
message = "Hello, Server!"
# 向服务端发送消息
client_socket.send(message.encode())
# 接收返回的消息
data = client_socket.recv(1024)
print("收到来自服务器的消息:", data.decode())
```

◆ 解 析

- message = "Hello, Server!"：创建一个字符串变量message，用于存储发送给服务端的消息内容。
- client_socket.send(message.encode())：使用客户端套接字的send()方法，将消息内容发送给服务端。在发送之前，使用encode()方法，将字符串编码为字节流，因为网络通信中传输的是字节数据，而不是字符串。
- data = client_socket.recv(1024)：使用客户端套接字的recv()方法，接收来自服务端的返回消息。参数指定每次最多接收的字节数。这里我们预设接收缓冲区的大小为1024字节。
- print("收到来自服务器的消息:", data.decode())：使用decode()方法，将接收

到的字节数据解码为字符串，并通过print()语句，输出来自服务端的消息。

步骤 4 关闭套接字

客户端通信完成后，也需要关闭套接字，并释放资源：

```
client_socket.close()
```

客户端的完整代码如下：

```
import socket
# 创建一个套接字
client_socket = socket.socket(socket.AF_INET, socket.SOCK_STREAM)
# 服务端地址和端口
server_address = ('127.0.0.1', 12345)
# 连接到服务端
client_socket.connect(server_address)
# 发送消息
message = "Hello, Server!"
client_socket.send(message.encode())
# 接收服务端的消息
data = client_socket.recv(1024)
print("收到来自服务端的消息:", data.decode())
# 关闭套接字
client_socket.close()
```

魔法师说："通过以上代码，我们完成了一个基本的客户端，该客户端可以与服务端进行通信。将服务端和客户端的代码组合在一起，就可以实现一个简单的聊天程序，让两台计算机可以相互发送消息"。

小鱼说："我还不太明白，如何组合上面已经写好的客户端代码和服务端代码呢？"

魔法师说："别着急，接下来我给你讲一个魔法邮差的故事，听完这个故事，你应该能明白怎样组合并运行这些代码，并建立自己的聊天室。"

魔法·小·贴士

网络编程允许我们的程序与远程计算机进行通信，使数据和信息可以在全球范围内传输。Python提供了丰富的库和工具，帮助我们进行网络通信和数据交换。通过网络编程，可以创建客户端和服务端应用程序，实现数据的发送和接收。

掌握网络编程的基础概念后，你将能深入探索更高级的网络应用，如Web开发、API设计、云计算等。网络编程为你打开了物联网、分布式系统和大数据处理的大门，这些都是当今技术领域的热门话题。

- 网络编程可能会遇到各种问题，如网络延迟、数据丢失、连接中断。要学会处理这些异常情况，确保程序的稳定性。
- 需要考虑网络带宽和流量成本，优化数据传输，避免不必要的重复和冗余。

5.4　魔法邮差与神秘聊天室

在一个名为CodeLand的魔法世界里，有两位小魔法师 Ella和Leo。Ella住在高高的魔法塔里，Leo住在森林的另一端。他们想找到一种方法来远距离传递魔法信息。Leo发明了一个魔法邮差程序，Ella创建了一个神秘的聊天室。现在，他们想要尝试进行远距离交流。

1. Ella 的神秘聊天室

首先，让我们帮助Ella建立她的聊天室，也就是运行我们前面写的服务端程序。

步骤 1　打开魔法书
在VSCode中，创建一个名为server.py的文件，请确保文件扩展名是".py"。

步骤 2　输入咒语
在server.py中，输入之前学到的服务端程序代码，如图5-1所示。

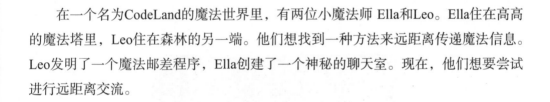

```
EXPLORER                    ⊕ server.py ✕
∨ MY_PYTHON                 socket > ⊕ server.py > ...
  > other                     1   import socket
  ∨ socket                    2
    ⊕ client.py               3   # 创建一个套接字
    ⊕ server.py               4   server_socket = socket.socket(socket.AF_INET, socket.SOCK_STREAM)
                              5   # 设置服务器地址和端口
                              6   server_address = ('127.0.0.1', 12345)
                              7   server_socket.bind(server_address)
                              8   # 监听连接
                              9   server_socket.listen()
                             10
                             11   # 等待客户端连接
                             12   print("等待客户端连接...")
                             13   client_socket, client_address = server_socket.accept()
                             14   print(f"已连接客户端：{client_address}")
                             15   data = client_socket.recv(1024)  # 1024是每次接收的最大字节数
                             16   print("收到来自客户端的消息:", data.decode())
                             17   # 向客户端发送消息
                             18   client_socket.send("Hello, Client!".encode())
                             19   client_socket.close()
                             20   server_socket.close()
```

图 5-1

当输入完成后，按下"运行"按钮运行程序。

步骤 3 　等待信号

你会看到消息"等待客户端连接..."，如图5-2所示。

图 5-2

现在Ella的聊天室已经准备好接收Leo的消息了！

2. Leo 的魔法邮差程序

Leo要运行他的魔法邮差程序，也就是前面介绍的客户端程序代码，用于给Ella发送消息。

步骤 1 　打开魔法书

在VSCode中，创建一个名为client.py的文件，确保文件扩展名是".py"。

步骤 2 输入咒语

在文件client.py中输入之前学的客户端程序代码，如图5-3所示。

```python
# client.py ×
socket > client.py > ...
1   import socket
2   # 创建一个套接字
3   client_socket = socket.socket(socket.AF_INET, socket.SOCK_STREAM)
4   # 服务端地址和端口
5   server_address = ('127.0.0.1', 12345)
6   # 连接到服务端
7   client_socket.connect(server_address)
8   # 发送消息
9   message = "Hello, Server!"
10  client_socket.send(message.encode())
11  # 接收服务端的消息
12  data = client_socket.recv(1024)
13  print("收到来自服务器的消息:", data.decode())
14  # 关闭套接字
15  client_socket.close()
```

图 5-3

当输入完成后，按下"运行"按钮运行程序。

记住，这个咒语会帮助Leo连接到Ella的聊天室！

当按下"运行"按钮后，Leo的魔法邮差就会开始工作，向Ella的聊天室发送一个神秘消息"Hello，Server!"。

步骤 3 魔法信息传递

Ella（服务端）在她的聊天室里收到了来自Leo（客户端）的消息，如图5-4所示。

```
PROBLEMS    OUTPUT    DEBUG CONSOLE    TERMINAL

版权所有 (C) Microsoft Corporation。保留所有权利。

尝试新的跨平台 PowerShell https://aka.ms/pscore6

PS D:\my_python>  & 'C:\Users\jock\AppData\Local\P
-python.python-2023.14.0\pythonFiles\lib\python\de
erver.py'
等待客户端连接...
已连接客户端: ('127.0.0.1', 51333)
收到来自客户端的消息: Hello, Server!
PS D:\my_python>
```

图 5-4

少年小鱼的魔法之旅——神奇的Python

第5章 古老的遗迹：高级魔法技能

Ella非常高兴，回复Leo "Hello, Client!"，此时Leo收到了来自Ella的回复，如图5-5所示。

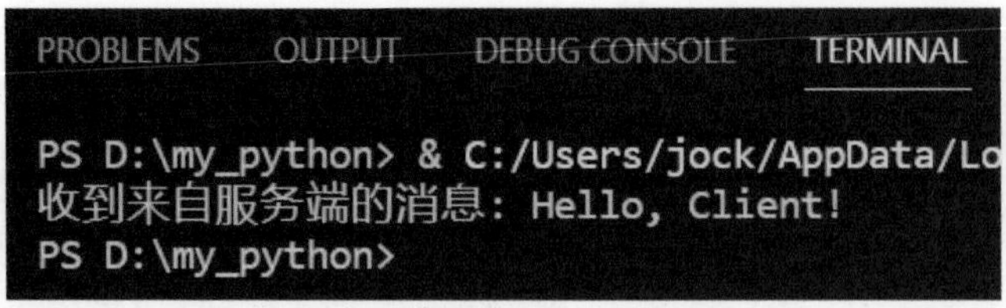

```
PROBLEMS    OUTPUT    DEBUG CONSOLE    TERMINAL
PS D:\my_python> & C:/Users/jock/AppData/Lo
收到来自服务端的消息：Hello, Client!
PS D:\my_python>
```

图5-5

到此为止，两位小魔法师使用他们的魔法程序实现了远程聊天！

为了庆祝这次魔法实验的成功，Ella和Leo决定在森林里开一个派对，并邀请所有的小动物和魔法生物。

魔法小·贴士

网络通信是现代计算机技术中至关重要的一部分。通过使用套接字，我们可以在不同的计算机之间建立连接，实现数据的传输和通信。从简单的消息收发到复杂的应用程序，网络编程为我们提供了无限的可能性。通过学习和探索，你将能创造出更多令人惊奇的应用，为世界带来更多的魔法！

小鱼跟着魔法师的指导，一步步进行学习。他很快就掌握了这些技能，并开始尝试使用星际之门进行通信。

经过一番努力后，小鱼成功地与一个遥远星球上的魔法师进行了通信。他们互相分享了一些魔法知识，并约定以后常常交流。

5.5 魔法能量的管理：异常处理

小鱼和魔法师继续他们的探险，深入遗迹的核心区域。这里的空气充满了魔法能量，他们的每一步都仿佛踏在了柔软的云朵上。然而，这种美妙的感觉并没有持续太久。

当他们走到一个巨大的魔法阵前，小鱼突然感到一阵强烈的眩晕。他的魔法能量似乎被这个魔法阵所剥夺，开始不受控制地流失。

魔法师紧张地说："小鱼，你必须快速控制你的魔法能量，否则魔法能量会被这个魔法阵完全吸干！"

小鱼惊慌失措，他试图用手控制魔法能量的流失，但效果并不明显。魔法师赶紧教他："在魔法世界中，当我们遇到不可预知的情况时，需要使用异常处理来控制魔法能量的流动。"

小鱼迷惑地问："异常处理是什么？"

魔法师解释说："在Python中，当代码在执行过程中遇到错误时，会产生异常。如果这个异常没有被处理，则程序会停止运行。但是，我们可以使用try和except捕获这个异常，并决定如何处理它。让我给你快速讲解一下。"

在前面我们学习了如何使用Python的各种魔法技能，如编写程序、操作文件。但是，有时候事情并不总是顺利进行的。

想象一下，你是一名魔法师，此时正在施展咒语。但是突然间，你的魔法失效了，出现了一些意外情况。在编程世界中，也会出现类似的情况。当在程序执行过程中遇到了错误或异常时，就需要使用异常处理魔法，来帮助我们应对这些意外情况。

1. 抓捕异常

在Python中，我们可以使用try和except语句来实现异常处理：

```python
try:
    # 尝试施展魔法
    result = 10 / 0  # 会引发一个异常
except ZeroDivisionError:
    # 遇到了异常
    print("咦，魔法失败了！我会尽快修复它的！")
```

在上面这段代码中，我们首先使用try语句来尝试执行一段可能会引发异常的代码，如将0作为除数进行运算。然后，我们使用except语句捕获ZeroDivisionError异常。如果在try块中的魔法出现问题，则程序会跳转到except块中，并执行其中的"备用魔法"。

2. 多重异常

在施展魔法时，可能会遇到不同类型的问题。同样，在编程中，我们可能需要捕获多种不同类型的异常，此时可以使用多个except语句：

```python
try:
    spell_book = open("nonexistent.txt", "r")
except FileNotFoundError:
    print("哎呀，这本魔法书不见了！")
except PermissionError:
    print("咦，我好像没有权限查看这本魔法书！")
```

在上面这个例子中，我们尝试打开一个不存在的文件，这会引发FileNotFoundError异常，程序会跳转到第一个except块中，并执行相应的操作。如果存在该文件，但我们对文件没有适当的访问权限，就会引发PermissionError异常，程序会跳转到第二个except块中，并执行相应的操作。

3. finally

有时候，不论异常是否发生，我们都希望在施展魔法后，完成某些操作，此时可以使用finally语句：

```python
try:
    wand = open("magic.txt", "w")
    wand.write("Python!\n")
except:
    print("咦，魔法失败了！")
finally:
    wand.close()  # 无论是否发生异常，都会关闭魔法棒
```

在这段代码中，我们使用try语句，尝试在文件中写入魔法咒语。如果在写入时发生了异常，则会跳转到except块中执行相应操作。无论异常是否发生，都会执行finally块中的代码，以确保魔法棒被关闭。

4. 创造自定义异常

在魔法世界中，有时候我们可能需要创造一些特殊的魔法来应对特定的问题。在Python中，我们也可以创建自定义异常：

```python
# 创建自定义异常
class MagicError(Exception):
    pass


# 使用自定义异常
try:
    raise MagicError("咦，魔法失效了！")
except MagicError as e:
    print("捕获了自定义异常: ", e)
```

在上面这个例子中，我们创建了一个名为MagicError的自定义异常。然后，我们在try块中使用raise语句引发了这个异常。在except块中，我们捕获了这个自定义异常，并将异常信息打印出来。

小鱼听着魔法师的讲解，迅速在脑海中构建了一个魔法程序：

```python
try:
    print("从魔法阵中吸取能量")
except EnergyOverflowError:
    print("当能量溢出时，将能量转移到安全的地方")
```

小鱼集中精神，运行这段魔法程序。他感到魔法能量开始稳定下来，不再不加控制地流失。

魔法师赞赏地说："很好，小鱼。你已经掌握了异常处理的基本技巧。但是，你还需要学习更多的知识，以应对更加复杂的情况。"

魔法师继续教小鱼："在Python中，我们还可以使用else和finally，来进一步控制魔法能量的流动。只有在try部分没有产生异常时，才会执行else语句，而finally语句无论是否产生异常都会被执行。"

小鱼思考了一会儿，然后说："我明白了。我可以使用else语句，来确认我的魔法能量已经稳定，也可以使用finally语句，确保魔法阵的安全关闭。"

小鱼迅速地修改了魔法程序：

```python
try:
    print("从魔法阵中吸取能量")
except EnergyOverflowError:
    print("当能量溢出时，将能量转移到安全的地方")
else:
    print("确认魔法能量已经稳定")
finally:
    print("确保魔法阵的安全关闭")
```

运行这段魔法程序后，小鱼感到身体里的魔法能量已经完全恢复，魔法阵也安全地关闭了。

魔法师满意地点了点头："很好，小鱼。你已经掌握了异常处理的技巧。这将帮助你在未来的魔法学习中避免很多不必要的麻烦。"

小鱼感激地说："谢谢你，魔法师。我会继续努力的。"

两人继续他们的探险，深入遗迹的核心区域，并期待更多的挑战和冒险。

魔法小·贴士

异常处理是编程世界中的强大工具，但也需要小心使用。合理、准确地捕获和处理异常，可以帮助我们更好地掌握程序的流程，提升程序的可靠性和稳定性。通过异常处理，我们可以确保程序在遇到错误时，不会突然崩溃，这样便于我们处理问题，如继续执行程序或给出友好的错误提示。

- 不要滥用异常处理。只在可能出现错误的地方使用异常处理，而不是用异常控制程序的正常流程。
- 在捕获异常时，尽量具体化异常的类型，而不是捕获所有的异常，这样可以帮助你更准确地定位和处理问题。
- 在except语句中，尽量提供有意义的错误提示或日志记录，帮助你和用户理解发生了什么。

在编程之旅中，不妨多多练习使用异常，从而可以更加熟练地应对各种情况。当程序遇到问题时，你将能从容地施展异常处理魔法，让编程之旅变得更加有趣！

5.6 日记小助手：知识鸟的心愿

小鱼在探索时，遇到了一只失落的魔法生物——知识鸟。知识鸟一直有一个心愿，它想记录下每一天发生的事情，但由于它的羽毛已经老化了，不能再用它的羽毛写字了。

知识鸟在看到小鱼后，用哀求的眼神看着他，希望他能帮助自己记录下每天发生的事情。

小鱼突然想到了一个主意。他决定使用前面学到的文件读写知识，为知识鸟制作一个日记小助手，帮助知识鸟记录每天发生的事情。

小鱼开始编写魔法代码。

首先，定义一个名为write_diary()的函数，这个函数的目的是为知识鸟写日记：

```
def write_diary():
```

然后，添加一个try语句，尝试打开这个日记本文件：

```
try:
    diary = open("diary.txt", "a") # a 参数表示追加模式
```

这里使用open()函数，尝试打开一个名为diary.txt的文件。如果这个文件不存在，则Python会自动创建它。参数 a 表示想要以追加模式打开这个文件，这意味着将在文件的末尾添加新的内容，而不是覆盖原有的内容。

接下来，使用input()函数，询问知识鸟今天发生了什么有趣的事情，并将知识鸟的回答存储在变量entry中：

```
entry = input("知识鸟，今天发生了什么有趣的事情？\n")
```

接下来，使用write()方法，将知识鸟的故事写入diary.txt文件：

```
diary.write(entry + "\n")
```

这里的\n是一个换行符，可以确保每个故事都从新的一行开始记录。一旦故事被成功记录，就打印一个确认消息：

```
print("魔法的日记小助手已经帮你记录下来了！")
```

如果在写日记的过程中出现错误，如磁盘空间不足或文件权限有问题，则捕获产生的异常，并打印错误消息：

```
except Exception as e:
    print("咦，魔法失败了！", e)
```

最后，确保文件被正确关闭：

```
finally:
    diary.close()
```

不论前面的代码是否能成功执行，finally语句都会被执行，这确保了diary.txt文件在操作完成后，能被正确关闭。

最后，调用write_diary()函数，让日记小助手开始为知识鸟写日记：

```
write_diary()
```

上述过程的完整代码如下：

```
# 定义写日记函数
def write_diary():
    try:
        diary = open("diary.txt","a") # a 参数表示追加模式，不会覆盖原有
内容
        entry = input("知识鸟，今天发生了什么有趣的事情？\n")
        diary.write(entry + "\n")
        print("魔法的日记小助手已经帮你记录下来了！")
    except Exception as e:
```

```
        print("咦，魔法失败了！", e)
    finally:
        diary.close()


# 调用写日记的魔法
write_diary()
```

上面这段代码将会引导你输入今天发生的事情，并将内容写入名为diary.txt的文件中。

小鱼运行了上面的代码，并开始询问知识鸟今天发生的事情。知识鸟用它的鸣叫和肢体语言，告诉小鱼它今天的经历。小鱼一边听，一边为它记录下来。

过了一会，小鱼又想到一个问题，以后要查看日记的内容怎么办？日记小助手能写日记，应该也能读取日记。于是小鱼继续写了以下代码，他定义了一个名为read_diary()的函数，帮助知识鸟阅读之前写入的日记内容：

```
# 定义一个读取日记内容的函数
def read_diary():
    try:
        diary = open("diary.txt", "r")  # r 参数表示读取模式
        entries = diary.readlines()
        print("日记小助手为你展示之前的日记: ")
        for i, entry in enumerate(entries, start=1):
            print(f"{i}. {entry.strip()}")
    except Exception as e:
        print("咦，魔法失败了！", e)
    finally:
        diary.close()
# 调用读日记的魔法
read_diary()
```

让我们逐步分析上面这段代码：

- def read_diary():: 定义了一个名为read_diary()的函数，用来阅读日记内容。
- try:: 开始执行一个try语句。

- diary = open("diary.txt", "r")：以读取模式(r)打开日记本文件，并准备阅读其中的内容。
- entries = diary.readlines()：使用readlines()函数，读取文件中的每一行内容，并将这些内容存储在名为entries的列表中。
- print("魔法的日记小助手为你展示之前的日记：")：打印一条消息，表示要展示之前的日记。
- for i, entry in enumerate(entries, start=1):：使用enumerate()函数遍历entries列表，并记录每行内容的行号（从1开始）和内容。
- print(f"{i}. {entry.strip()}")：将日记内容打印出来，格式为"行号+内容"。注意，这里使用strip()函数去除了换行符，使展示的内容更整齐。
- except Exception as e:：如果try语句中的魔法出现了问题，则捕获异常并进行处理。
- print("咦，魔法失败了！", e)：打印一条消息，并输出异常信息。
- finally:：不论是否发生异常，都会执行finally语句。
- diary.close()：关闭文件。

通过调用read_diary()函数，可以使用魔法的日记小助手来阅读之前写入的日记内容。

当小鱼完成日记小助手的功能后，知识鸟非常高兴，它用它的羽毛轻轻地抚摸了小鱼的脸颊，表示感谢。

小鱼笑了笑，说："不用谢，知识鸟。这是我应该做的。"

知识鸟又告诉小鱼，只要他愿意，它可以随时为他提供知识和帮助。

小鱼感慨地说："有时候，帮助别人，也是一种成长。"

5.7 【魔法实践】魔法信使的任务

在魔法世界的边缘，有一个古老的魔法塔，它是魔法师们交流信息的中心。你的任务是使用本章中学到的知识，帮助魔法师们传递和接收信息。

任务一：魔法书信的存储

魔法师们经常会记录他们的魔法成果，并将这些成果存储在魔法塔的图书馆中。你需要创建一个系统，将这些成果保存到一个文件中，并在需要的时候读取魔法成果。

任务二：魔法信使的网络传递

有时，魔法师们需要迅速地传递信息。为此，你需要创建一个简单的网络应用，使一个魔法师能将消息发送到另一个魔法师那里。这需要你使用网络编程的知识。

任务三：魔法信息的异常处理

在魔法世界中，不是所有的信息都是友好的。有时，敌对的魔法师可能会尝试发送损坏的信息来破坏魔法塔的和平。你需要确保你的系统能妥善处理这些异常情况，而不是让它崩溃。

任务提示

- 考虑使用文件读写操作，保存和读取魔法书信。
- 使用简单的Socket编程，实现魔法信使的网络传递。
- 利用异常处理，捕获可能出现的错误，如文件不存在、网络中断等错误。

现在，你已经接到了这些重要的任务，请使用你的知识，完成这些任务。

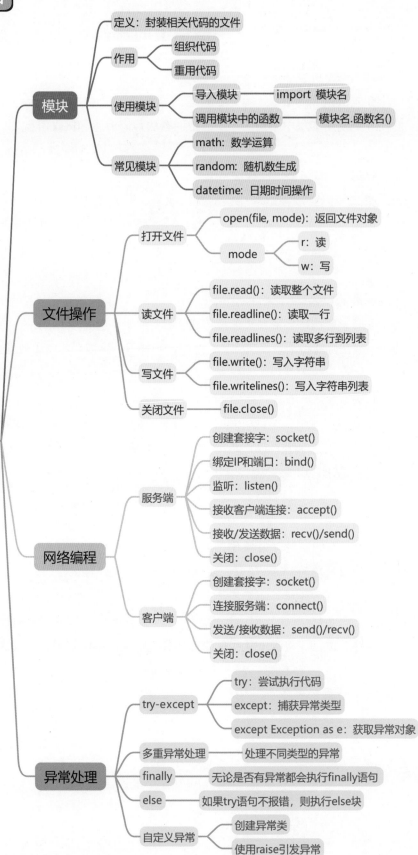

第6章

游戏世界：Pygame 的奇幻之旅

剧情预告

　　在本章中，小鱼将使用一种特殊的魔法工具——Pygame，来创造各种奇妙的魔法游戏。从最基础的游戏窗口和色彩形状开始，小鱼逐步掌握了游戏元素的移动、碰撞检测、动画等高级技巧。

　　你将跟随小鱼一步步学习Pygame的核心概念和技巧，体验游戏开发的乐趣。通过亲手创造魔法游戏，你不仅能深入理解游戏开发的原理，而且能锻炼自己的编程思维和创造力。

6.1　游戏魔法的起源：Pygame

小鱼和魔法师走出了那片古老的遗迹，脚下的土地逐渐变得坚硬起来，他们来到了一片宽广的平原。在平原的中央，有一座巨大的石碑，上面刻着一些古老的文字和图案。小鱼好奇地凑近，发现这些文字描述的是一个古老的游戏世界。

魔法师察觉到了小鱼好奇的眼神，微笑地说："这是一个古老的游戏魔法传说。据说只有真正的魔法师才能进入这个游戏世界，体验那里的冒险。你想试试吗？"

小鱼点点头，心中充满了期待。魔法师便开始讲述Pygame的起源。

魔法师说："Pygame是一个开源的Python游戏开发库，这意味着我们可以自由地使用它来制作自己的小游戏。Pygame提供了一系列模块，帮助魔法师们快速开发游戏。从简单的2D游戏，到复杂的3D游戏，无论是简单的迷宫游戏，还是复杂的冒险游戏，Pygame都能胜任。"

"那么，Pygame是怎么来的呢？"小鱼好奇地问。

魔法师微微一笑，继续说："很久以前，有一群热爱魔法和游戏的魔法师，他们希望能创造一个工具，让更多的人能体验到魔法游戏的乐趣。于是，他们结合了Python这种强大的魔法语言，创造出了Pygame这个魔法工具。"使用Pygame，魔法师们可以轻松地设计游戏的界面、动画和音效。Pygame还支持多种操作系统，这意味着你创造的游戏可以在各种魔法设备上运行。"

小鱼听得入迷，他迫不及待地想要尝试使用Pygame创造自己的魔法游戏。魔法师看出了他的心思，微笑地说："好吧，既然你这么有兴趣，那就让我们开始吧！"

小鱼跟随魔法师，踏上了这段开发魔法游戏的奇幻之旅。

6.2　准备魔法工具：Pygame的安装与配置

小鱼和魔法师来到了一个神秘的魔法工坊，这里摆放着各种各样的魔法工具和原料，它们闪闪发光，散发着奇妙的魔法气息。

"要想开始我们的游戏魔法之旅，首先需要准备一些必要的魔法工具。"魔法师指着魔法工坊中央的一个巨大的魔法炼金炉说。

"那是什么？"小鱼好奇地问。

"那是魔法炼金炉，我们可以把它看作是一个魔法的安装器。通过它，我们可以获取并安装Pygame这个魔法库。"魔法师解释说。

魔法师开始教小鱼如何使用魔法炼金炉来安装Pygame。

在开始你的游戏开发之旅之前，我们需要确保你已经拥有制作游戏的魔法工具——Pygame库。不用担心，安装Pygame库非常简单，就像在魔法草原上采集魔力水晶一样轻松！

步骤 1 打开命令行工具

首先，我们需要打开命令行工具。如图6-1所示，按Windows+R快捷键，打开"运行"对话框，在"打开"文本框内输入"cmd"，单击"确定"按钮后即可打开命令行工具。

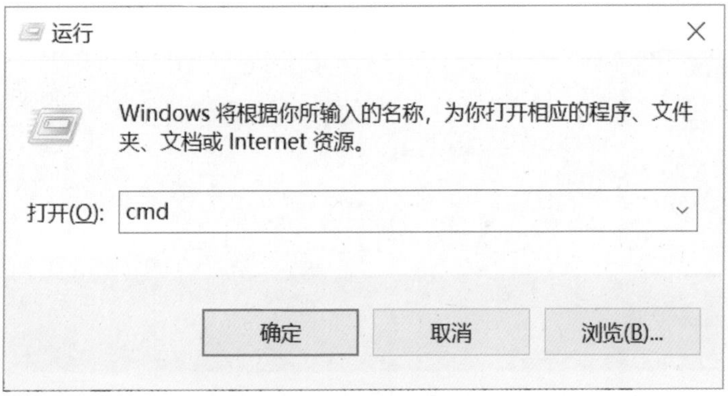

图 6-1

步骤 2 输入魔法指令

在命令行工具中，输入以下安装命令，并按下Enter键：

```
pip install pygame
```

代码的执行过程如图6-2所示。

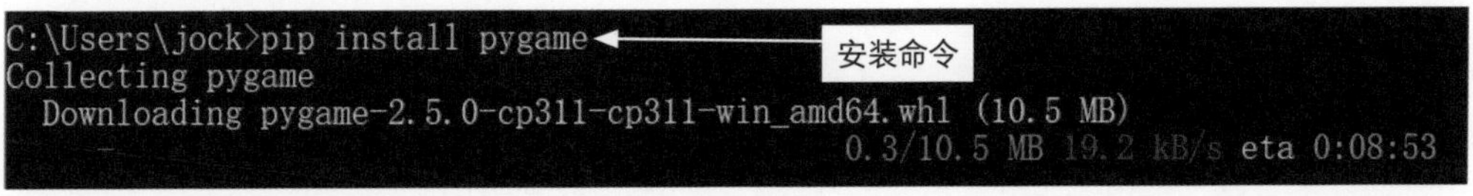

图 6-2

pip默认使用国外的下载源，如果下载速度很慢导致安装不成功，则可使用国内提供的下载源，如阿里云提供的临时镜像源。

使用临时镜像源的方法为：

```
pip install 安装包 -i 临时镜像源
```

-i表示临时使用当前镜像源的下载地址。

也可以使用阿里云提供的镜像源，命令为：

```
pip install pygame -i https://mirrors.aliyun.com/pypi/simple/
```

上述代码的执行过程如图6-3所示。

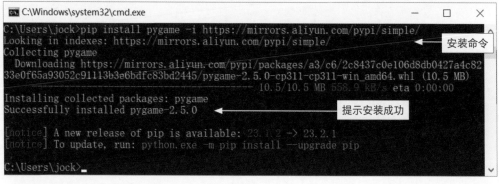

图 6-3

上面的魔法指令告诉计算机去寻找并安装Pygame库。在计算机上安装Pygame库时，你可能会看到一些文字正在快速滚动，这表示你的计算机正在从远程服务端中下载并安装Pygame。

步骤 3 》 等待魔法完成

当命令行停止滚动时，会显示类似"安装成功"的信息，此时你已经成功为自己的计算机安装上了Pygame库。现在，你可以开始创建属于自己的小游戏啦！

记住，每次想要使用Pygame时，只需在代码中引入这个魔法库：

```
import pygame
```

有了Pygame魔法库，你就能在魔法王国中尽情开发各种有趣的小游戏了。现在，让我们继续探索，看看如何使用这个魔法库，创建属于你的第一个小游戏吧！

6.3 创造游戏世界：游戏窗口与色彩形状

小鱼和魔法师站在魔法工坊的中央，魔法师开始为小鱼演示如何创建一个属于自己的游戏世界。

"每个游戏世界都需要一个舞台，在Pygame中，这个舞台就是我们的游戏窗口。所有的游戏元素都在这个游戏窗口中展现。"魔法师开始讲解。

1. 创建游戏窗口

在我们的小游戏开发之旅中，第一步是创建一个游戏窗口。让我们一步步学习如何使用Pygame，创建一个简单的游戏窗口。

步骤 1 引入Pygame库

首先，我们需要在代码的起始处引入Pygame库，这样我们就能使用其中的魔法功能了：

```
import pygame
```

步骤 2 初始化Pygame

在使用Pygame之前，我们需要对其进行初始化，这就像在冒险前进行魔法准备一样。使用以下代码，对Pygame进行初始化：

```
pygame.init()
```

步骤 3 设置游戏窗口的大小

下面我们需要设置游戏窗口的大小。在Pygame的display模块中，调用set_mode()函数，即可创建游戏窗口，此时需要传入窗口的大小作为参数：

```
# 创建宽400像素、高300像素的游戏窗口
```

```
screen = pygame.display.set_mode((400, 300))
```

步骤 4 设置游戏窗口的标题

我们可以使用set_caption()方法，为游戏窗口设置一个标题，让玩家知道他们即将进入怎样的世界：

```
# 设置游戏窗口的标题
pygame.display.set_caption("魔法冒险")
```

步骤 5 设置主循环

当你运行一个游戏时，该游戏会在无限循环中持续运行，这就是所谓的游戏主循环。在这个循环中，游戏会不断更新游戏世界的状态，响应玩家的输入，并将绘制的内容显示在屏幕上。让我们详细讲解这个游戏主循环的代码，一步步理解其中的魔法：

```
# 游戏主循环
running = True
while running:
    for event in pygame.event.get():
        if event.type == pygame.QUIT:  # 如果玩家单击了窗口的"关闭"按钮
            running = False

    # 填充窗口背景颜色：黑色
    screen.fill((0, 0, 0))

    # 更新游戏窗口
    pygame.display.update()
```

让我们逐步分析这段代码：

- running = True：创建一个名为running的变量，并将其设置为True。这个变量将控制游戏主循环是否继续运行。只要running为True，循环就会继续运行。
- while running:：一个while循环，不断执行循环体中的代码，直到running变为False为止。
- for event in pygame.event.get():：循环语句，遍历当前发生的所有事件。事件

可以是玩家的输入、窗口的状态变化等。

- if event.type == pygame.QUIT:：在事件循环中，检查每一个事件的类型。如果事件类型是pygame.QUIT，则说明玩家单击了窗口的"关闭"按钮。

- running = False：如果玩家单击了关闭按钮，则将running设置为False，这会让游戏主循环停止，从而退出游戏。

- screen.fill((0, 0, 0))：在每一次循环中，我们都使用screen.fill((0, 0, 0))来填充窗口的背景颜色。这里我们传入了一个元组(0, 0, 0)，该元组表示使用黑色背景。

- pygame.display.update()：该函数更新游戏窗口，将绘制的内容呈现在屏幕上。每次循环结束后，都会调用这个函数刷新窗口。

游戏主循环会不断检测玩家的输入和窗口的状态，并在每一次循环中更新游戏窗口的显示内容。游戏主循环是游戏开发中非常重要的部分，可确保游戏持续地响应玩家的操作。

步骤 6 关闭游戏窗口

当玩家单击窗口右上角的"关闭"按钮时，会退出游戏：

```
# 关闭Pygame
pygame.quit()
```

通过上面的步骤，我们已经成功创建了一个游戏窗口。下面是创建游戏窗口的完整代码：

```
import pygame

# 初始化Pygame
pygame.init()


# 创建宽400像素、高300像素的游戏窗口
screen = pygame.display.set_mode((400, 300))
# 设置游戏窗口的标题
pygame.display.set_caption("魔法冒险")
```

```python
# 游戏主循环
running = True
while running:
    for event in pygame.event.get():
        if event.type == pygame.QUIT: # 如果玩家单击了窗口的"关闭"按钮
            running = False

        # 填充窗口背景颜色：黑色
        screen.fill((0, 0, 0))
        # 更新游戏窗口
        pygame.display.update()

# 关闭Pygame
pygame.quit()
```

通过运行上面这段代码，你将会看到一个黑色的游戏窗口，窗口的标题是"魔法冒险"，如图6-4所示。

图 6-4

这是一个简单的游戏界面，接下来，我们将在这个界面上施展更多的魔法，让游戏变得更加有趣！

2. 色彩和形状

接下来，我们将学习如何在Pygame中绘制图像，并设置色彩和形状。让我们继续小游戏开发之旅吧！

当我们创造了一个游戏世界时，其中的图像颜色和形状都是非常重要的。在Pygame中，我们可以使用简单的代码来绘制图像，并设置色彩和形状。

```python
# 绘制一个红色矩形
pygame.draw.rect(screen, (255, 0, 0), (200, 150, 50, 50))
# 绘制一个绿色圆形
pygame.draw.circle(screen, (0, 255, 0), (300, 100), 30)
```

在Pygame中，颜色是由三个数字组成的，分别代表红色、绿色和蓝色。例如，红色可以表示为(255, 0, 0)。

现在，让我们来详细分析上面的代码：

- pygame.draw.rect(screen, (255, 0, 0), (200, 150, 50, 50))：如图6-5所示，这一行代码使用pygame.draw.rect()函数绘制一个红色矩形。其中，参数screen表示绘制的画布，(255, 0, 0)表示颜色为红色，(200, 150, 50, 50)表示矩形的位置和大小，左上角坐标为(200, 150)，宽度和高度分别为50。

- pygame.draw.circle(screen, (0, 255, 0), (300, 100), 30)：如图6-6所示，这一行代码使用pygame.draw.circle()函数，绘制一个绿色圆形。其中，参数screen表示绘制的画布，(0, 255, 0)表示颜色为绿色，(300, 100)表示圆心的坐标，30表示圆的半径。

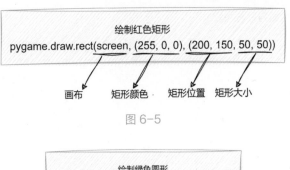

图 6-5

图 6-6

在游戏窗口中为图像设置色彩和形状后，该游戏的完整代码为：

```
import pygame

# 初始化Pygame
pygame.init()

# 创建宽400像素、高300像素的游戏窗口
screen = pygame.display.set_mode((400, 300))
# 设置游戏窗口的标题
pygame.display.set_caption("魔法冒险")

# 游戏主循环
running = True
while running:
    for event in pygame.event.get():
        if event.type == pygame.QUIT: # 如果玩家单击了窗口的"关闭"按钮
            running = False

    # 填充窗口的背景颜色
    screen.fill((0, 0, 0))

    # 绘制一个红色矩形
    pygame.draw.rect(screen, (255, 0, 0), (200, 150, 50, 50))
    # 绘制一个绿色圆形
    pygame.draw.circle(screen, (0, 255, 0), (300, 100), 30)

    # 更新游戏窗口
    pygame.display.update()

# 关闭Pygame
pygame.quit()
```

新增的绘制图形代码

通过运行上面的代码，你将会看到一个全新的游戏窗口，其中包含两个图形，如图6-7所示。

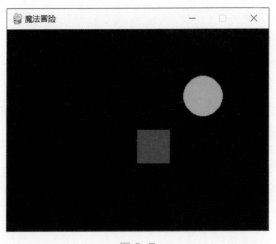

图 6-7

通过上面的代码，你就可以在游戏窗口中绘制矩形和圆形了。你可以尝试修改图形的颜色、位置和大小，创造出属于你的游戏世界！让我们继续前进，探索更多的魔法吧！

6.4 游戏元素的行动：让玩家互动起来

在小鱼的游戏世界中，一切都已经准备就绪。但是，一个没有生命的游戏世界显得有些寂静。魔法师看着小鱼，微笑着说："一个真正的游戏世界，需要有动态的游戏元素。你准备好让你的游戏元素动起来了吗？"

小鱼点点头，充满期待。

在游戏中，让玩家与游戏世界互动是非常重要的。当我们进行游戏开发时，角色的移动是一个很有趣的部分。我们可以通过处理用户的输入，让玩家控制游戏中的角色，并响应事件。

在上一节中，我们在窗口中绘制了一个红色矩形和一个绿色圆形，接下来让我们学习如何在游戏中处理玩家的按键输入，即使用键盘的上、下、左、右键，控制绿色圆形的移动。

步骤 1 *激活角色的初始位置*

角色能动起来的关键是因为角色在窗口中的位置可以被改变的。因此，我们需要将绿色圆形在窗口中的位置换成变量。

首先声明两个变量，用于存储圆心的横坐标和纵坐标：

```
# 将角色的初始位置存储在变量中
player_x = 300 # 圆心横坐标
player_y = 100 # 圆心纵坐标
```

在主循环中，将圆心的固定坐标(300, 100)替换为上面声明的变量：

```
# 绘制一个绿色圆形
pygame.draw.circle(screen, (0, 255, 0), (player_x, player_y), 30)
```

步骤 2 获取玩家的键盘输入

由于不确定玩家按下的是键盘的哪个键，因此需要使用pygame.key.get_pressed()函数，获取当前的按键状态：

```
# 获取玩家的键盘输入
keys = pygame.key.get_pressed()
```

返回的keys是一个包含按键状态的列表，每个按键对应的索引为该按键的ASCII值。

步骤 3 移动角色的位置

根据玩家的键盘输入，更新角色的位置，从而实现角色的移动。

由于不确定玩家按下的是键盘的哪个键，因此需要判断玩家的按键是否为上、下、左、右键。只有按键为上、下、左、右键，我们才对按键行为进行处理：

```
# 如果是键盘抬起事件
if event.type == pygame.KEYUP:
    if keys[pygame.K_LEFT]: # 如果按下左箭头键，则角色横坐标减5
        player_x -= 5
    if keys[pygame.K_RIGHT]: # 如果按下右箭头键，则角色横坐标加5
        player_x += 5
    if keys[pygame.K_UP]: # 如果按下上箭头键，则角色纵坐标减5
        player_y -= 5
    if keys[pygame.K_DOWN]: # 如果按下下箭头键，则角色纵坐标加5
        player_y += 5
```

上面的代码使用if嵌套语句，首先根据事件类型，判断是否为键盘抬起事件，只有满足这个条件，才继续判断按下的是否为上、下、左、右键。

让我们详细讲解上面的代码，了解如何处理用户的输入，并控制角色的移动：

- event.type == pygame.KEYUP：当我们检测到的事件类型是 pygame.KEYUP 时，意味着玩家抬起了键盘上的一个按键。这里使用键盘抬起事件，确保按键抬起后，角色才能移动。
- keys：一个包含按键状态的列表，通过调用 pygame.key.get_pressed() 函数获得该列表。列表的每个元素对应一个按键，元素的值为 True（按下）或 False（未按下）。
- pygame.K_LEFT：一个常量，代表键盘上的左箭头键。Pygame定义了很多这样的常量，用于表示键盘上的不同按键。
- keys[pygame.K_LEFT]：检查左箭头键是否被按下，如果被按下，则它的值为 True，否则为 False。
- if keys[pygame.K_LEFT]:：检查左箭头键是否被按下。如果被按下，则将 player_x减去5，使角色向左移动。
- if keys[pygame.K_RIGHT]:：检查右箭头键是否被按下。如果被按下，则将 player_x加上5，使角色向右移动。
- if keys[pygame.K_UP]:：检查上箭头键是否被按下。如果被按下，则将 player_y减去5，使角色向上移动。
- if keys[pygame.K_DOWN]:：检查下箭头键是否被按下。如果被按下，则将 player_y加上5，使角色向下移动。

添加"移动绿色圆形"功能后的完整代码为：

```
import pygame


# 初始化Pygame

pygame.init()


# 创建宽400像素、高300像素的游戏窗口

screen = pygame.display.set_mode((400, 300))
# 设置游戏窗口的标题
pygame.display.set_caption("魔法冒险")
```

```python
# 将角色的初始位置存储在变量中
player_x = 300 # 圆心横坐标
player_y = 100 # 圆心纵坐标


# 游戏主循环
running = True
while running:
    # 处理玩家键盘输入
    keys = pygame.key.get_pressed()
    for event in pygame.event.get():
        if event.type == pygame.QUIT:
            running = False


    # 填充窗口的背景颜色
    screen.fill((0, 0, 0))


    # 绘制一个红色矩形
    pygame.draw.rect(screen, (255, 0, 0), (200, 150, 50, 50))
    # 绘制一个绿色圆形
    pygame.draw.circle(screen, (0, 255, 0), (player_x, player_y), 30)


    # 如果是键盘抬起事件
    if event.type == pygame.KEYUP:
        if keys[pygame.K_LEFT]: # 如果按下左箭头键, 则角色横坐标减5
            player_x -= 5
        if keys[pygame.K_RIGHT]: # 如果按下右箭头键, 则角色横坐标加5
            player_x += 5
        if keys[pygame.K_UP]: # 如果按下上箭头键, 则角色纵坐标减5
            player_y -= 5
        if keys[pygame.K_DOWN]: # 如果按下下箭头键, 则角色纵坐标加5
            player_y += 5


    # 更新游戏窗口
```

移动绿色圆形的相关代码

```
pygame.display.update()

# 关闭Pygame
pygame.quit()
```

通过运行上面这段代码，你就可以使用键盘的上、下、左、右键来移动绿色圆形啦！绿色圆形可以动起来了，非常奇妙吧！让我们继续前进，探索更多魔法吧！

6.5 石头竞技场：打砖块之战

小鱼和魔法师来到了一个巨大的石头竞技场。在竞技场的中央，一个巨大的魔法屏幕浮现出来，上面显示着一排排颜色各异的魔法砖块。

魔法师对小鱼说："这是一个古老的魔法游戏挑战，叫作打砖块之战。你的任务是使用魔法小球击碎这些魔法砖块。每击碎一个砖块，都会释放出其中蕴藏的魔法能量。你要让小球在舞台上飞舞，并用挡板去接住它！"

小鱼决定接受这个挑战，于是开始编写魔法代码来控制小球。最终完成的游戏界面如图6-8所示。下面跟着小鱼一起挑战吧！

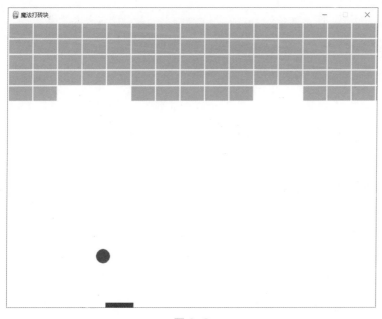

图6-8

步骤 1 准备魔法道具

每位魔法师都需要事先准备魔法道具。为了开始我们的游戏，首先需要初始化 Pygame，并定义一系列常量：

```python
import pygame
import random


# 初始化 pygame

pygame.init()


# 定义常量

WIDTH = 800 # 屏幕宽度

HEIGHT = 600 # 屏幕高度

BALL_SPEED = 4 # 小球的移动速度

BALL_RADIUS = 15 # 小球半径

PAD_WIDTH = 60 # 挡板的宽度

PAD_HEIGHT = 10 # 挡板的高度

PAD_SPEED = 6 # 挡板的移动速度

BRICK_WIDTH = 50 # 砖块宽度

BRICK_HEIGHT = 30 # 砖块高度

BRICK_ROWS = 5 # 砖块的行数

BRICK_COLS = 16 # 砖块的列数

BRICK_GAP = 3 # 砖块间距
```

解 析

（1）首先导入Pygame和random模块。import就像打开魔法盒子的过程，Pygame和 random是我们的魔法道具，用于创造游戏世界和产生随机数。

（2）使用pygame.init()初始化Pygame，在使用Pygame之前，我们需要唤醒它！

（3）初始化Pygame之后，定义了一系列常量，这些都是魔法参数，定义了游戏 舞台的大小、小球的速度、挡板的尺寸等。

步骤 2 定义颜色和屏幕设置

为了更好地呈现游戏内容，需要定义不同的颜色，从而美化游戏效果：

```
# 定义颜色
WHITE = (255, 255, 255) # 白色
RED = (255, 0, 0) # 红色
GREEN = (0, 255, 0) # 绿色
BLUE = (0, 0, 255) # 蓝色


# 创建屏幕，指定宽和高
screen = pygame.display.set_mode((WIDTH, HEIGHT))


# 设置标题
pygame.display.set_caption("魔法打砖块")
```

◆ 解 析

（1）定义了四种颜色：白色、红色、绿色和蓝色。

（2）使用pygame.display.set_mode()创建一个屏幕对象，并设置屏幕的尺寸为之前定义的WIDTH（宽）和HEIGHT（高）。

（3）设置游戏窗口的标题为"魔法打砖块"。

步骤 3 创建挡板和小球的初始位置

我们要让小球在舞台上飞舞，并用挡板接住它！

首先需要定义挡板和小球的初始位置：

```
# 创建挡板
pad_x = WIDTH // 2  # 挡板的水平位置初始值为窗口宽度的一半
pad_y = HEIGHT - PAD_HEIGHT  # 挡板的垂直位置初始值为窗口高度减去挡板的高度


# 创建小球
ball_x = WIDTH // 2  # 小球的水平位置初始值为窗口宽度的一半
ball_y = HEIGHT // 2  # 小球的垂直位置初始值为窗口高度的一半
ball_dir_x = random.choice([-1,1]) #小球水平移动方向的初始值，随机选择左移
或右移
ball_dir_y = -1  # 小球的垂直移动方向的初始值，向上移动（负值表示上移）
```

上面这段代码定义了游戏中的挡板和小球的初始位置及其初始移动方向，这些值将在游戏循环中被不断更新，从而实现挡板和小球的移动和交互效果。

◆ 解析

- 在创建挡板时，我们使用变量 pad_x 存储挡板的水平位置，这里我们将挡板的初始位置设置为窗口宽度的一半，这样挡板就会出现在窗口的水平中间位置。

- pad_y 存储挡板的垂直位置，将pad_y 设置为窗口的高度减去挡板的高度，这样挡板就会位于窗口底部。

- 创建小球时，使用变量 ball_x 存储小球的水平位置，将其初始位置设置为窗口宽度的一半，使小球位于窗口水平处的中间位置。

- ball_y 存储小球的垂直位置，将其初始位置设置为窗口高度的一半，使小球位于窗口垂直处的中间位置。

- ball_dir_x 存储小球的水平移动方向，使用random.choice([-1, 1])随机选择左移或右移，这样小球开始时会随机选择一个水平方向移动。

- ball_dir_y 存储小球的垂直移动方向，初始值为 -1，表示小球向上移动。

步骤 4 创建砖块

为了增加游戏的挑战性，我们需要创建一系列砖块供小球打破：

```
bricks = []  # 创建一个列表存储砖块


for i in range(BRICK_ROWS):
    row = []   # 创建一个空列表，存储一行砖块
    for j in range(BRICK_COLS):
        brick_x = j*(BRICK_WIDTH + BRICK_GAP) + BRICK_GAP #计算砖块的水平位置
        brick_y= i*(BRICK_HEIGHT + BRICK_GAP)+BRICK_GAP #计算砖块的垂直位置
        # 创建砖块矩形，并将其添加到行列表
        row.append(pygame.Rect(brick_x, brick_y, BRICK_WIDTH, BRICK_HEIGHT))

    bricks.append(row)  # 将一行砖块列表添加至列表
```

上面这段代码的目的是创建一个包含砖块位置和属性的二维列表 bricks，在游戏循环中，bricks用于砖块的显示和碰撞检测。

- bricks = []：一个列表，用于存储游戏中的砖块。在上面这个例子中，我们要创建一个二维的砖块数组，其中每个元素代表一个砖块的位置和属性。
- for i in range(BRICK_ROWS)：遍历每一行砖块，BRICK_ROWS 表示砖块的行数。在每一行内部，我们创建一个空列表 row，用于存储该行的砖块。
- for j in range(BRICK_COLS)：遍历该行内的每一列砖块，BRICK_COLS 表示砖块的列数。在内层循环中，我们需要确定每个砖块的位置。brick_x 计算砖块的水平位置，brick_y 计算砖块的垂直位置。
- pygame.Rect(brick_x, brick_y, BRICK_WIDTH, BRICK_HEIGHT)：使用计算得到的位置信息，创建一个砖块矩形，并将该砖块矩形添加到当前列表 row 中，并将填满了砖块的列表 row 添加到列表 bricks 中。

步骤 5 游戏循环及事件处理

游戏循环是保持游戏运行的关键，事件处理允许我们对玩家的输入进行响应。当制作一个游戏时，我们需要使用游戏循环，持续更新游戏状态、绘制元素，并处理用户输入：

```python
running = True  # 创建一个变量，用来控制游戏的运行

while running:  # 进入游戏主循环
    for event in pygame.event.get():  # 遍历所有的事件
        if event.type == pygame.QUIT:  # 如果检测到关闭窗口事件
            running = False  # 将 running 设置为 False，并退出游戏循环
```

上面这段代码的作用是监听游戏中的事件，如果检测到关闭窗口事件，即用户单击窗口关闭按钮，则将 running 设置为 False，从而终止游戏循环，结束游戏。这种机制确保了玩家在想要退出游戏时，能顺利关闭游戏窗口。

- running：布尔变量，用于控制游戏是否继续运行。如果 running 为 True，则游戏会继续运行；如果 running 为 False，则会退出游戏。
- while running：开始游戏的主循环，只要 running 为 True，游戏就会一直循环。

- for event in pygame.event.get()：循环遍历所有的事件，事件是用户操作或系统触发的动作。
- if event.type == pygame.QUIT：判断当前事件是否为关闭窗口事件，即用户是否单击了窗口关闭按钮。
- running = False：如果检测到关闭窗口事件，则将 running 设置为 False，这会导致游戏退出循环，从而结束游戏。

步骤 6 处理挡板的移动

玩家需要通过键盘输入来控制游戏中的角色或物体移动。根据玩家的键盘输入，我们要移动挡板：

```python
keys = pygame.key.get_pressed()  # 获取当前按下的键
if keys[pygame.K_LEFT] and pad_x > 0:  # 如果按下左箭头键，且挡板的 x 坐标大于 0
    pad_x -= PAD_SPEED  # 则挡板向左移动


# 如果按下右箭头键，且挡板的 x 坐标小于屏幕宽度减去挡板的宽度
if keys[pygame.K_RIGHT] and pad_x < WIDTH - PAD_WIDTH:
    pad_x += PAD_SPEED  # 则挡板向右移动
```

上面这段代码的作用是检测玩家是否按下键盘的左键和右键，以及是否根据按键状态移动游戏中的挡板。通过读取键盘输入，玩家可以控制挡板在游戏画面中的左右移动，从而参与游戏的互动。

解析

- keys = pygame.key.get_pressed()：获取当前键盘上所有按键的状态，返回一个包含布尔值的列表。列表的索引对应着按键的常量值，如 pygame.K_LEFT 对应左键。
- if keys[pygame.K_LEFT] and pad_x > 0:：检查左键是否被按下，且挡板的 x 坐标是否大于 0，如果满足条件，则说明玩家想要向左移动挡板。
- pad_x -= PAD_SPEED：通过减去 PAD_SPEED 的值，将挡板的 x 坐标向左移动一定距离。
- if keys[pygame.K_RIGHT] and pad_x < WIDTH - PAD_WIDTH:：检查右键是否被按下，且挡板的 x 坐标是否小于屏幕宽度减去挡板的宽度，如果满足条

件，则说明玩家想要向右移动挡板。

- pad_x += PAD_SPEED：通过加上 PAD_SPEED 的值，将挡板的 x 坐标向右移动一定距离。

当制作一个游戏时，游戏中的物体可能需要根据一定的规则进行移动，同时也需要检测物体与边界或其他物体之间的交互。

我们需要不断地移动小球，并检测小球是否与边界、挡板或砖块发生碰撞：

```python
ball_x += ball_dir_x * BALL_SPEED  # 根据方向和速度，更新小球的 x 坐标
ball_y += ball_dir_y * BALL_SPEED  # 根据方向和速度，更新小球的 y 坐标


# 如果小球碰到左、右边界
if ball_x <= BALL_RADIUS or ball_x >= WIDTH - BALL_RADIUS:
    ball_dir_x = -ball_dir_x  # 则反转x方向，让小球反弹


if ball_y <= BALL_RADIUS:  # 如果小球碰到上边界
    ball_dir_y = -ball_dir_y  # 则反转y方向，让小球反弹


if ball_y >= pad_y - BALL_RADIUS and ball_y <= pad_y + PAD_HEIGHT and
ball_x >= pad_x and ball_x <= pad_x + PAD_WIDTH:  # 如果小球与挡板发生碰撞
    ball_dir_y = -ball_dir_y  # 则反转y方向，让小球反弹
```

这段代码的作用是更新小球的位置，检测小球是否与边界或挡板发生碰撞，如果发生碰撞，则根据碰撞情况让小球反弹，实现小球在游戏中的运动和交互效果。

◆ 解 析

- ball_x += ball_dir_x * BALL_SPEED：根据小球当前的移动方向 ball_dir_x 和移动速度 BALL_SPEED，更新小球的 x 坐标。
- ball_y += ball_dir_y * BALL_SPEED：根据小球当前的移动方向 ball_dir_y 和移动速度 BALL_SPEED，更新小球的 y 坐标。
- if ball_x <= BALL_RADIUS or ball_x >= WIDTH - BALL_RADIUS:：检查小球是否碰到左边界或右边界，如果碰到左、右边界，则说明小球触碰到屏幕

的左、右边缘，需要将小球的 x 方向反转，使其反弹。

- ball_dir_x = -ball_dir_x：将小球的 x 方向取反，使小球进行反弹。
- if ball_y <= BALL_RADIUS:：检查小球是否碰到上边界，如果碰到上边界，则说明小球到达了屏幕的上边缘，需要将小球的 y 方向反转，使其反弹。
- if ball_y >= pad_y - BALL_RADIUS and ball_y <= pad_y + PAD_HEIGHT and ball_x >= pad_x and ball_x <= pad_x + PAD_WIDTH:：检查小球是否与挡板发生碰撞。如果发生碰撞，则说明小球与挡板相交，且在垂直方向上在挡板的碰撞范围内。此时，使小球在垂直方向上反弹。
- ball_dir_y = -ball_dir_y：将小球的 y 方向取反，使小球进行反弹。

步骤 8　处理小球与砖块的碰撞

在制作游戏时，常常需要检测不同物体之间是否发生碰撞，以便进行相应的处理。

当小球碰到砖块时，我们需要破坏此块砖，并反转小球的方向：

```python
for row in bricks:  # 遍历砖块列表的每一行
    for brick in row:  # 遍历当前行中的每一个砖块
        if brick.colliderect(pygame.Rect(ball_x - BALL_RADIUS, ball_y - BALL_RADIUS, 2 * BALL_RADIUS, 2 * BALL_RADIUS)):  # 如果检测到小球与砖块发生碰撞

            # 则使用 pygame.Rect 创建一个矩形范围，以检测小球是否与砖块相交
            ball_dir_y = -ball_dir_y  # 让小球在垂直方向上反弹
            row.remove(brick)  # 移除发生碰撞的砖块
            break  # 结束内层循环
```

这段代码的作用是遍历每个砖块，检测小球是否与砖块相交。如果小球与砖块相交，则让小球在垂直方向上反弹，同时移除发生碰撞的砖块，从而实现小球与砖块的交互效果。

◆ **解 析**

- for row in bricks: 遍历砖块列表的每一行。
- for brick in row：在当前行中遍历每一个砖块。
- brick.colliderect()：该方法用于检测两个矩形区域是否发生碰撞。这里我们使用该方法检测小球与砖块是否发生碰撞。

- pygame.Rect(ball_x - BALL_RADIUS, ball_y - BALL_RADIUS, 2 * BALL_RADIUS, 2 * BALL_RADIUS)：创建一个矩形范围，检测小球是否与砖块相交。这个矩形的中心是小球的位置 (ball_x, ball_y)，宽度和高度分别为小球直径的两倍。

- 如果检测到小球与砖块发生碰撞，要进行以下操作：
  - ball_dir_y = -ball_dir_y：将小球的 y 方向取反，让小球在垂直方向上反弹。
  - row.remove(brick)：移除发生碰撞的砖块，使砖块消失。
  - break：结束当前内层循环，从而避免重复处理碰撞。

步骤 9 绘制游戏元素

在制作游戏时，绘制各种游戏元素（如挡板、小球、砖块）是非常重要的。
在重新开始这个游戏时，需要清除屏幕，并重新绘制所有的游戏元素：

```
screen.fill(WHITE)  # 填充整个屏幕为白色，相当于清空上一帧的内容
# 绘制挡板
pygame.draw.rect(screen, BLUE, (pad_x, pad_y, PAD_WIDTH, PAD_HEIGHT))
# 绘制小球
pygame.draw.circle(screen, RED, (ball_x, ball_y), BALL_RADIUS)

for row in bricks:  # 遍历砖块列表的每一行
    for brick in row:  # 遍历当前行中的每一个砖块
        pygame.draw.rect(screen, GREEN, brick)  # 绘制砖块
```

上面这段代码的作用是在游戏窗口上绘制游戏元素，包括挡板、小球和砖块。
每一帧都会清空之前的内容，并重新绘制新的游戏元素，从而呈现出平滑的动画效果。

◆ 解 析

- screen.fill(WHITE)：填充整个游戏窗口为白色，相当于清空上一帧的绘制内容，准备绘制新的一帧。
- pygame.draw.rect(screen, BLUE, (pad_x, pad_y, PAD_WIDTH, PAD_HEIGHT))：使用 pygame.draw.rect() 方法绘制一个矩形，表示挡板。参数包括屏幕对象 screen、颜色 BLUE、矩形的左上角坐标 (pad_x, pad_y)、矩形的宽度和高度 (PAD_WIDTH, PAD_HEIGHT)。

- pygame.draw.circle(screen, RED, (ball_x, ball_y), BALL_RADIUS)：使用 pygame.draw.circle() 方法绘制一个圆形，表示小球。参数包括屏幕对象 screen、颜色 RED、圆心坐标 (ball_x, ball_y)、圆的半径 BALL_RADIUS。
- for row in bricks:：遍历砖块列表的每一行。
- for brick in row:：在当前行中遍历每一个砖块。
- pygame.draw.rect(screen, GREEN, brick)：使用 pygame.draw.rect() 方法绘制一个矩形，表示砖块。参数包括屏幕对象 screen、颜色 GREEN、砖块对象 brick。brick 是一个 pygame.Rect 对象，包含砖块的位置和尺寸信息。

步骤 10 　更新屏幕
一旦我们绘制了所有的游戏元素，需要更新屏幕来显示新的帧：

```
pygame.display.flip()
```

上面这行代码将更新整个屏幕的内容，并显示我们在当前迭代中绘制的所有元素。

步骤 11 　控制游戏帧率
在制作游戏时，控制帧率是很重要的。通过控制帧率，可以使游戏在不同的设备上运行得更加一致。如果帧率过高，则游戏可能会消耗更多计算资源，导致性能下降；如果帧率过低，则游戏可能会显得卡顿。通过适当设置帧率，可以平衡游戏的性能和画面，确保游戏的平稳运行。
为了确保游戏在所有系统上都以相同的速度运行，我们需要控制游戏的帧率：

```
pygame.time.Clock().tick(60)
```

◆ 解　析

- pygame.time.Clock()：创建一个时钟对象，用于控制游戏的帧率。
- tick(60)：设置时钟的帧率为 60 帧/秒，这意味着游戏会每秒更新，并绘制 60 次画面，从而可以保持流畅的画面。

步骤 12 　结束游戏的条件
如果小球跌出屏幕，则会显示"游戏结束"的消息，并关闭游戏：

```
if ball_y > HEIGHT:
    font = pygame.font.SysFont('Arial', 30)  # 创建字体对象
    text = font.render('游戏结束!', True, RED)  # 创建渲染的文本对象
    screen.blit(text, (WIDTH // 2 - text.get_width() // 2, HEIGHT // 2 -
text.get_height() // 2))  # 将文本绘制在屏幕上
    pygame.display.flip()  # 更新屏幕显示
    pygame.time.wait(2000)  # 等待 2000 毫秒（即 2 秒）
    running = False  # 结束游戏循环
```

上面这段代码的作用是在小球掉出屏幕底部时，显示游戏结束的提示信息，并等待一段时间后结束游戏。这样，玩家就能知道游戏已经结束了，并且有一定的时间来观察游戏的结果。

◆ 解 析

- if ball_y > HEIGHT：检查小球的纵坐标是否超过了屏幕的高度。如果超过，则说明小球掉出了屏幕底部，游戏结束。
- font = pygame.font.SysFont('Arial', 30)：创建一个字体对象，并使用 Arial 字体，字号为 30。
- text = font.render('游戏结束!', True, RED)：使用字体对象，渲染文本内容为"游戏结束!"，颜色为红色（RED）。
- screen.blit(text, (WIDTH // 2 - text.get_width() // 2, HEIGHT // 2 - text.get_height() // 2))：使用 blit() 方法，将渲染的文本对象绘制在屏幕上。参数包括渲染的文本对象text和绘制位置的坐标 (WIDTH // 2 - text.get_width() // 2, HEIGHT // 2 - text.get_height() // 2)。通过设置坐标，可将文本居中绘制在屏幕上。
- pygame.display.flip()：更新屏幕显示，将绘制的内容呈现在屏幕上。
- pygame.time.wait(2000)：等待 2000 毫秒，即 2 秒。在小球掉出屏幕后，显示"游戏结束"的提示信息，让玩家有时间看到游戏结果。
- running = False：将running设置为False，结束游戏循环，从而退出游戏。

步骤 13 退出游戏

跳出游戏循环后，需要正确关闭Pygame：

```
pygame.quit()
```

这将关闭所有的Pygame模块，确保程序可以正常退出。

游戏的完整代码如下：

```python
import pygame
import random

# 初始化模块
pygame.init()

# 定义常量
WIDTH = 800
HEIGHT = 600
BALL_SPEED = 4
BALL_RADIUS = 15
PAD_WIDTH = 60
PAD_HEIGHT = 10
PAD_SPEED = 6
BRICK_WIDTH = 50
BRICK_HEIGHT = 30
BRICK_ROWS = 5
BRICK_COLS = 16
BRICK_GAP = 3

# 定义颜色
WHITE = (255, 255, 255)
RED = (255, 0, 0)
GREEN = (0, 255, 0)
BLUE = (0, 0, 255)

# 创建屏幕对象
screen = pygame.display.set_mode((WIDTH, HEIGHT))

# 设置标题
pygame.display.set_caption("魔法打砖块")
```

```python
# 创建挡板
pad_x = WIDTH // 2
pad_y = HEIGHT - PAD_HEIGHT

# 创建小球
ball_x = WIDTH // 2
ball_y = HEIGHT // 2
ball_dir_x = random.choice([-1, 1])
ball_dir_y = -1

# 创建砖块
bricks = []
for i in range(BRICK_ROWS):
    row = []
    for j in range(BRICK_COLS):
        brick_x = j * (BRICK_WIDTH + BRICK_GAP) + BRICK_GAP
        brick_y = i * (BRICK_HEIGHT + BRICK_GAP) + BRICK_GAP
        row.append(pygame.Rect(brick_x, brick_y, BRICK_WIDTH, BRICK_HEIGHT))
    bricks.append(row)


running = True
while running:
    for event in pygame.event.get():
        if event.type == pygame.QUIT:
            running = False

    # 挡板的移动
    keys = pygame.key.get_pressed()
    if keys[pygame.K_LEFT] and pad_x > 0:
        pad_x -= PAD_SPEED
    if keys[pygame.K_RIGHT] and pad_x < WIDTH - PAD_WIDTH:
        pad_x += PAD_SPEED


    # 小球的移动
```

```python
        ball_x += ball_dir_x * BALL_SPEED
        ball_y += ball_dir_y * BALL_SPEED

        # 边界检测
        if ball_x <= BALL_RADIUS or ball_x >= WIDTH - BALL_RADIUS:
            ball_dir_x = -ball_dir_x
        if ball_y <= BALL_RADIUS:
            ball_dir_y = -ball_dir_y

        # 挡板碰撞检测
        if ball_y >= pad_y - BALL_RADIUS and ball_y <= pad_y + PAD_HEIGHT and
ball_x >= pad_x and ball_x <= pad_x + PAD_WIDTH:
            ball_dir_y = -ball_dir_y

        # 砖块碰撞检测
        for row in bricks:
            for brick in row:
                if brick.colliderect(pygame.Rect(ball_x - BALL_RADIUS,
ball_y - BALL_RADIUS, 2 * BALL_RADIUS, 2 * BALL_RADIUS)):
                    ball_dir_y = -ball_dir_y
                    row.remove(brick)
                    break

        # 清屏
        screen.fill(WHITE)

        # 画挡板和小球
        pygame.draw.rect(screen, BLUE, (pad_x, pad_y, PAD_WIDTH, PAD_HEIGHT))
        pygame.draw.circle(screen, RED, (ball_x, ball_y), BALL_RADIUS)

        # 画砖块
        for row in bricks:
            for brick in row:
                pygame.draw.rect(screen, GREEN, brick)
```

```python
# 更新屏幕
pygame.display.flip()

# 控制帧率
pygame.time.Clock().tick(60)

# 游戏结束检测
if ball_y > HEIGHT:
    font = pygame.font.SysFont('Arial', 30)
    text = font.render('游戏结束!', True, RED)
    screen.blit(text, (WIDTH // 2 - text.get_width() // 2,
HEIGHT // 2 - text.get_height() // 2))
    pygame.display.flip()
    pygame.time.wait(2000)
    running = False


pygame.quit()
```

小鱼成功使用Python语言，控制小球在屏幕上跳跃、反弹，并控制小球消灭砖块。小鱼运行着自己的游戏，用小球击碎了一个又一个魔法砖块，并释放出魔法能量。魔法师看着小鱼，满意地点了点头。

编程就像一种魔法，通过编写代码，你就可以创造出无数有趣的事物。虽然有时候会遇到困难，但只要你坚持下去，就一定能克服挑战，创造出更多令人惊奇的作品。

魔法·小·贴士

Pygame是一个开源的Python模块，专门用于游戏开发。Pygame提供了丰富的图形、声音和输入处理功能，使游戏制作变得简单、有趣。通过Pygame，我们可以轻松地创建窗口、绘制图形、播放音效、处理用户输入，为玩家带来沉浸式的游戏体验。

● 在使用Pygame进行游戏开发时，需要注意资源的管理和优化，避免因资源浪费导致的游戏卡顿或崩溃。

魔法小贴士

- 游戏开发是一个迭代的过程，不断地测试和优化是关键。在开发过程中，请经常保存你的项目，并定期备份。
- 尽量避免使用过于复杂的算法或逻辑，保持代码的简洁和可读性。这样，当你需要修改或扩展游戏功能时，会变得更加容易。

未来，你可以尝试加入更多的游戏元素和关卡，使你的魔法游戏更加吸引人。每一个成功的魔法游戏都是魔法师们无数次努力后的结晶。勇敢地追求你的梦想，用Pygame创造出属于你的魔法世界吧！

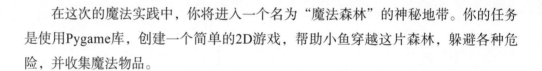

6.6 【魔法实践】魔法森林的游戏冒险

在这次的魔法实践中，你将进入一个名为"魔法森林"的神秘地带。你的任务是使用Pygame库，创建一个简单的2D游戏，帮助小鱼穿越这片森林，躲避各种危险，并收集魔法物品。

（1）创建一个窗口，展示魔法森林的背景。森林中有树木、小溪和神秘的魔法光环。可以使用正方形、圆形等表示这些内容。

（2）在屏幕底部中央放置表示小鱼的圆形，可以使用正方形、圆形等形状代表小鱼。玩家可以使用左、右键控制小鱼的移动。

（3）森林中有飞翔的魔法生物和掉落的魔法物品，可以发挥想象力，画出这些物品，也可以使用正方形、圆形等形状表示这些物品。小鱼需要躲避这些生物，同时尽量收集掉落的物品。

（4）每收集一个魔法物品，分数就会增加。如果小鱼碰到魔法生物，则生命值减少。当生命值为0时，游戏结束。

（5）为游戏添加合适的背景音乐、音效和动画效果，增强游戏的趣味性。

（6）在游戏结束后，展示玩家的得分，并保存玩家的最高分。

这次的魔法实践将帮助你巩固Pygame的基本知识，并鼓励你发挥创意，创建一个既有趣又具有挑战性的游戏。祝你在魔法森林的冒险中取得成功！

第7章

进阶挑战：面向对象

剧情预告

在一片神秘森林的深处，隐藏着一个巨大而美丽的魔法城堡。这个城堡由魔法石块、魔法生物和魔法植物构建而成。魔法师向小鱼揭示了这座城堡背后的秘密：这个魔法城堡的构建原理与编程世界中的"面向对象编程"非常相似。

在本章中，小鱼将跟随魔法师深入探索面向对象编程的奥秘。小鱼将学习如何使用类和对象构建程序，理解类与对象之间的关系，以及如何利用类和对象设计和实现更有组织、更模块化的代码。

随着小鱼对面向对象编程的理解逐渐加深，他发现，编程不仅仅是一种技术，更是一种艺术，一种将现实世界中的事物和行为抽象、模拟和重现的魔法。这种魔法将为小鱼打开一个全新的、充满无限可能的编程世界。

7.1 乐高积木的搭建：面向对象编程

小鱼和魔法师再次来到一片神秘的森林，他们沿着森林的小径走着，周围的景色如梦境般美丽。每一片叶子、每一滴水、每一颗石头仿佛都有生命，都在诉说着自己的故事。

魔法师指着前方一个巨大的魔法城堡说："小鱼，你看到那个城堡了吗？它是由无数的魔法石块、魔法生物和魔法植物组成的，它们共同构建了这个宏伟的魔法城堡。"

小鱼点点头，表示理解。

魔法师继续说："在编程的世界里，我们也有类似的构建方式，那就是面向对象编程。就像用魔法石块、魔法生物和魔法植物构建魔法城堡一样，我们用代码中的类和对象构建程序。"

小鱼好奇地问："什么是面向对象编程呢？"

魔法师微笑着说："面向对象编程简称OOP，是一种编程范式，核心思想是将现实世界中的事物和行为抽象成类和对象。类就像一个模板，描述了一类事物的共同属性和方法；对象是类的实例，代表了具体的事物。"

魔法师用魔法在空中画出一个蓝图，上面有生物类属性和方法的描述，如图7-1所示。他从蓝图中召唤出小鸟、小猫和小狗。每一种生物都有姓名、颜色、大小和叫声等属性，但它们的属性都不相同。

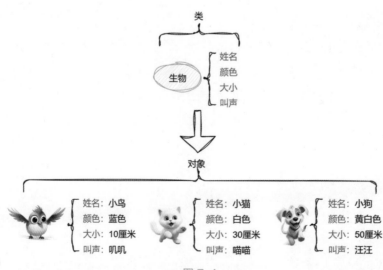

图 7-1

"就像这些魔法生物，"魔法师指着空中的生物说，"它们都有共同的属性，如颜色、大小和叫声，但每个生物的属性都是独特的。在编程中，我们可以定义一个名为生物的类，并基于这个类创建出各种各样的生物对象。"

小鱼看着这一切，惊叹道："原来编程中的类和对象就像魔法生物的基因和实体！通过类，我们可以创建出无数的对象，每个对象都有其独特的属性和行为。"

魔法师点点头："没错，小鱼。面向对象编程就是围绕这些类和对象进行设计和实现的。面向对象编程使我们的代码更加有组织、更加模块化，也更容易理解和维护。"

小鱼挠了挠头："我还不是很理解面向对象编程。"

魔法师："让我给你详细讲讲什么是面向对象编程。"

1. 面向对象编程像玩乐高积木

你玩过如图7-2所示的乐高积木吗？乐高积木是由许多小块组成的，每一个小块都可以被称作是一个对象。当你拿起一个小块积木时，会注意到它有颜色、形状等特点，这些特点决定了它如何与其他积木相互连接、组合。面向对象编程就像玩乐高积木一样，我们会使用许多不同的对象，构建我们的魔法世界。

图 7-2

想象一下，如果你的乐高积木有相同的颜色和形状，那玩起来可能会有点无聊。但是，乐高积木是各种各样的，每种乐高积木都有自己的特点和功能，有的可以用来构建房屋的墙壁，有的可以用来做车轮，有的可以用来创建动物的身体。

在编程的魔法世界中，每个对象也有自己的特点和功能。例如，有一个对象代表一只猫，它的特点包括颜色和年龄，它的功能是"喵喵叫"和"抓老鼠"。

2. 对象与对象之间可以互动

当你玩乐高积木时，你不仅是在堆砌积木，而且可能会建造房子，或用积木制作家具和人物，并让这些人物在这个房子中互动。同样地，在编程中，我们的对象也可以与其他对象互动。

例如，你有一个猫对象和一个鱼对象。你可以编写一段魔法代码，让猫对象去追逐鱼对象。这种对象之间的互动让我们的编程魔法世界变得更加有趣和生动。

3. 为什么要使用面向对象

可能你会想，为什么我需要使用面向对象编程呢？我不能直接编写魔法代码吗？我们当然可以不使用面向对象编程。但是，使用面向对象编程的魔法可以帮助我们更好地组织和描述魔法世界。

还记得乐高积木吗？如果我们没有预先设计好积木，则可能很难构建房屋或人物。面向对象编程的魔法就像乐高积木一样，它为我们提供了预先设计好的"对象"，让我们可以轻松、有序地构建魔法世界。

小鱼深深地感受到面向对象编程的魅力，他决定在今后的编程之旅中，更加深入地探索面向对象编程。

魔法小贴士

面向对象编程是一种"魔法哲学"，它教会我们如何看待和描述世界。通过面向对象编程，我们可以将复杂的问题分解为简单的部分，然后逐一攻克。我们也可以通过面向对象编程，更加直观地模拟和表示现实世界中的事物和关系，使代码更有组织性、更易维护。记住，每一个成功的魔法应用都是基于对类和对象的深入理解而精心设计的。

7.2 魔法生物的基因：类与对象

小鱼和魔法师走在魔法森林的小路上，周围有各种奇妙的魔法生物，它们有的在飞翔，有的在奔跑，每一种生物都有独特的魔法特性。

小鱼好奇地问："魔法师，这些魔法生物是怎么来的？它们为什么有不同的魔法特性？"

魔法师微笑着说："每一个魔法生物都是由魔法的基因构成的，这些基因决定了它们的属性和行为。在编程世界里，我们可以通过定义类来描述这些魔法基因，具体的魔法生物是对象，对象是基于类创建出来的实体。"

小鱼眨了眨眼，若有所思。

魔法师解释道："类就像一个模板，它描述了一类事物的共同特性。例如，我们可以定义一个魔法生物的类，这个类描述了魔法生物的共同属性，如颜色、大小、能力。对象是基于这个类创建的具体实例，具有类所描述的所有属性。"

小鱼思考了一下，说："就像这片森林中的火凤凰和冰龙，它们都是魔法生物，有共同的属性，但他们也有自己独特的特点。"

魔法师点了点头："没错，小鱼。在编程中，我们可以通过定义类来描述一类事物的共同属性和方法，并基于这个类创建出具体的对象。这样，我们的代码就可以更有组织、更模块化，也更容易理解和维护。"

小鱼听后恍然大悟："原来如此！那我们现在就开始学习如何定义类和对象吧？"

魔法师微笑着说："当然可以，让我们开始吧。"

1. 制造魔法物品：创建类

想象一下，你有一个魔法模具，这个模具可以制造出无数相同的小物件。在编程中，这个魔法模具是类，用这个模具制造出来的物件是对象，如图7-3所示。

模具（类）

蛋糕（对象）

图 7-3

下面创建一个类：

```python
# 这是一个类的定义
class Cat:
    pass
```

◆ 解 析

- class是一个特殊的关键字，表示要创建一个新的类。
- Cat是我们给这个类起的名字。一般我们用大写字母开头的单词命名类。
- pass是一个占位符，表示这个类目前是空的，没有任何内容。

2. 魔法物品的属性：类的属性

每个魔法物品都有自己的特性，如魔法杖的长度、颜色等，我们把这些特性叫作属性。下面定义一个属性：

```python
class Cat:
    # 类的属性
    species = "猫科动物"
```

在Cat类中，我们定义了一个属性species，并给它赋予了值"猫科动物"。这意味着我们创建的每只猫都属于"猫科动物"。

3. 制造具体的魔法物品：创建对象

有了模具后，就可以开始制造具体的魔法物品了：

```python
# 使用Cat类创建一个对象
whiskers = Cat()
```

◆ 解 析

- 当我们调用Cat()时，实际上是在使用Cat类，创建一个新的猫对象。
- 我们把这个新制造的猫对象赋值给变量whiskers。

4. 让魔法物品动起来：类的方法

魔法物品不仅有特性，还有一些魔法功能。例如，一个魔法杖可以发射魔法光束，一只小猫可以"喵喵喵"叫，我们把这些功能称为方法。下面使用方法：

```python
class Cat:
    species = "猫科动物"

    # 类的方法
    def meow(self):
    print("喵喵喵！")
```

◆ 解 析

- def meow(self)定义了一个名为meow()的方法，这个方法可以使猫"喵喵喵"叫。
- self是一个特殊的参数，代表了当前的猫对象。

5. 使用魔法物品的功能

既然猫有了叫的功能，那就让猫叫起来吧：

```python
# 创建对象
whiskers = Cat()
# 调用对象的方法
whiskers.meow()  # 输出：喵喵喵！
```

解 析

- 首先创建了一个猫对象whiskers。
- 调用whiskers的meow()方法，此方法可以让这只猫叫。
- 在Python中，通常通过类的对象调用方法。当你创建了一个类的对象后，你可以使用"."符号调用该对象的方法。

魔法师说："好了，小鱼，你现在已经知道如何创建类、定义属性、创建对象、定义方法、调用方法了，这都是使用Python魔法的基础。接下来，我们会继续学习有关类和对象的魔法技巧！"

魔法小·贴士

类是创建对象的模板，定义了属性和方法，对象是类的实例，代表真实世界中的事物。通过类和对象，我们可以更加直观地组织和管理数据和行为，使代码更有层次和可读性。类和对象是面向对象编程的核心，通过类和对象，你将能更加深入地理解和掌握面向对象编程的本质和魅力。

类和对象是魔法世界中的基石，它们教会我们如何看待和描述世界。通过类和对象，我们可以将抽象的概念具体化，简化复杂的问题。

7.3 学院的废墟：唤醒封印的灵魂

随着小鱼和魔法师深入魔法森林，他们来到一个魔法学院的废墟。这座学院曾是魔法界最顶尖的学府，但在数百年前的一场大战中被摧毁，如今只剩下断壁残垣。

魔法师告诉小鱼："这里曾经培养出无数魔法师，但在那场大战中，学院里的所有学生和老师都消失了，只留下了他们的魔法影像。"

小鱼注意到学院的四周有三个巨大的魔法阵，每个魔法阵中都有一个模糊的影像，似乎是三个年轻的学生，正在施展魔法。影像不断地闪烁，好像随时会消失。

魔法师说："这三个影像是魔法学院中仅剩的三名学生，他们在大战中使用了禁忌魔法，将自己的灵魂封印在了这些魔法阵中，希望有一天能被人唤醒。"

小鱼问："那我们能唤醒他们吗？"

魔法师摇了摇头："这不是那么简单的。这三个魔法阵是用类和对象的魔法制作的，只有真正掌握这种魔法的人，才能唤醒他们。"

小鱼眼中闪过坚定的光芒："我要试试！"

魔法师微笑着说："好，那就开始吧。你需要使用类和对象的知识，创造出这三个学生，并唤醒他们的灵魂。"

小鱼深吸了一口气，开始了他的挑战。

小鱼知道，每个学生都有自己的姓名、年龄和性别。首先，他创建了一个名为Student的类，用来表示学生：

```python
# 创建一个类Student
class Student:
    # 类的初始化方法，创建对象时会被调用
    def __init__(self, name, age, gender):
        # 定义三个属性：姓名、年龄和性别
        self.name = name
        self.age = age
        self.gender = gender


    # 这是类的一个方法
    def introduce(self):
        print(f"大家好，我叫{self.name}，今年{self.age}岁，是个{self.gender}生！")
```

Student类有三个属性：姓名、年龄和性别。这些属性会在初始化方法__init__()里被赋值。还有一个方法introduce()，用来介绍学生的信息。

接下来，小鱼向魔法师询问了这三个学生的具体信息，包括姓名、年龄和性别，然后使用Student类创建了三个对象，分别代表那三个被封印的学生：

```python
# 使用类创建三个对象，并为属性赋值
student1 = Student("小明", 12, "男")
student2 = Student("小红", 11, "女")
student3 = Student("小刚", 13, "男")
```

```
# 调用对象的方法
student1.introduce()
student2.introduce()
student3.introduce()
```

这段代码首先使用Student类，创建了三个学生对象，分别为student1、student2和student3。每个对象都有自己的姓名、年龄和性别。然后，使用introduce()方法，让每个学生对象介绍自己。

上述过程的完整代码如下：

```
# 创建一个类Student
class Student:
    # 类的初始化方法，创建对象时会被调用
    def __init__(self, name, age, gender):
        self.name = name
        self.age = age
        self.gender = gender

    # 这是类的一个方法
    def introduce(self):
        print(f"大家好, 我叫{self.name}, 今年{self.age}岁, 是个{self.gender}生! ")

# 使用类创建对象
student1 = Student("小明", 12, "男")
student2 = Student("小红", 11, "女")
student3 = Student("小刚", 13, "男")

# 调用对象的方法
student1.introduce()
student2.introduce()
student3.introduce()
```

就像制造魔法物品一样，小鱼通过类创造出三个学生对象，每个对象都有自己的属性和方法。每个对象可以做自己的事情，但它们都是从同一个模板生成的。

现在，小鱼开始在VSCode中运行上面写好的代码，步骤如下：

步骤 1 打开VSCode，创建一个名为magic_school.py的Python文件，并在其中写入上面介绍的代码。

步骤 2 在代码文件的右上角，有一个三角形按钮，这是运行按钮。

步骤 3 单击运行按钮，会弹出一个终端窗口。

步骤 4 在终端窗口中，你将看到学生们的自我介绍，如图7-4所示。

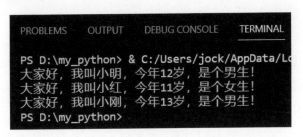

图 7-4

当小鱼完成编写并运行程序时，魔法阵开始发出明亮的光芒。随后，那三个模糊的影像逐渐变得清晰，并最终从魔法阵中走了出来，变成了三个年轻的魔法师。

他们看起来有些迷茫，但当看到小鱼和魔法师时，他们的眼中闪过了光芒。

"我们回来了？"其中一个学生颤抖地说。

"是的，你们回来了，"魔法师微笑地说，"多亏了小鱼。"

三个学生向小鱼鞠了一躬，表示感谢。其中的一个学生眼含泪水，激动地说："我们被封印了那么久，都快忘记外面的世界了。感谢你唤醒了我们。"

小鱼笑了笑："其实，我只是用了面向对象的魔法，创建了类和对象。"

魔法师赞叹地说："你真的很了不起，小鱼。你不仅掌握了魔法的知识，还用它完成了这样的挑战。"

小鱼微笑着说："这都是因为有你在旁边指导。"

三个学生决定留在这片废墟，重建魔法学院，而小鱼和魔法师将继续他们的冒险，学习更多魔法知识。

7.4 魔法家族的传承：继承

小鱼与魔法师继续他们的冒险，不久后，他们来到了一个古老的魔法村落，这个村落被称为继承村，因为这里的居民都是一些古老魔法家族的后代，他们世代相传，继承家族的魔法技能。

魔法师对小鱼说："在编程中，我们也有继承的概念，它允许我们创建一个新的类，这个类可以继承另一个类的属性和方法。"

小鱼好奇地问："那么，这与这个村落有什么关系呢？"

魔法师微笑道："你会看到的。"

他们走进村落，看到村民们正在使用各种魔法。有些魔法小鱼从未见过，有些魔法与他之前学到的非常相似。

魔法师指着一个正在使用火焰魔法的年轻人说："看，那个年轻人是火焰家族的后代。他继承了家族的火焰魔法，他也可以学习其他家族的魔法。"

小鱼恍然大悟，然后说："就像在编程中，一个类可以继承另一个类的属性和方法，但也可以有自己的属性和方法。"

魔法师点点头："没错。"

小鱼问道："那么火焰家族的后代是怎么通过编程，继承家族的火焰魔法呢？"

魔法师说："这里用到了编程中与继承相关的知识。"

魔法师清了清嗓子讲了起来。

首先需要定义一个基类，这个基类被称为魔法生物类：

```python
# 定义一个基类：魔法生物类
class MagicalCreature:
    #初始方法或构造方法
    def __init__(self, name, magic_type):
        self.name = name # 魔法生物的名字
        self.magic_type = magic_type # 魔法类型

    # 显示魔法生物的名字和魔法类型
    def display(self):
        print(f"{self.name}是一个{self.magic_type}类型的魔法生物。")
```

上面这段代码定义了一个名为 MagicalCreature 的类，这个类代表了一个有名字和魔法类型的魔法生物。__init__()是类的初始化方法，也被称为构造方法。当我们创建类的一个新对象时，__init__()方法会被自动调用，它接受两个参数：name 和 magic_type，分别代表魔法生物的名字和魔法类型。

- self：类的对象本身。在类的方法中，我们使用 self 访问和操作对象的属性和其他方法。
- self.name和 self.magic_type：将传入的参数 name 和 magic_type 赋值给对象的 name 和 magic_type 属性。

display()是类的一个方法，用于显示魔法生物的名字和魔法类型。当这个方法被调用时，display()会使用类对象的 name 和 magic_type 属性，组成一句话，并打印出这句话。

下面定义一个继承自魔法生物的子类，该子类被称为火焰魔法师：

```python
# 定义一个子类，继承魔法生物类
class FireMage(MagicalCreature):
    # 初始化方法
    def __init__(self, name):
        super().__init__(name, "火焰魔法师")


    # 子类特有的方法：释放火焰魔法
    def cast_fire_spell(self):
        print(f"{self.name}释放了火焰魔法! ")
```

上面这段代码定义了一个名为 FireMage 的子类，它继承了 MagicalCreature 类。这意味着 FireMage 类会继承 MagicalCreature 类的所有属性和方法。

- __init__()：子类的初始化方法。当我们创建 FireMage 类的一个新对象时，该方法会被自动调用。
- super().__init__(name, "火焰魔法师")：使用super()函数调用父类 MagicalCreature 的初始化方法。这意味着我们在创建 FireMage 类的对象时，会自动为其设置 name 属性，并将 magic_type 的属性设置为"火焰魔法师"。
- cast_fire_spell()：子类的一个新方法，父类 MagicalCreature 没有这个方法。

当这个方法被调用时，会打印出类对象的 name 属性，表示火焰魔法师使用了火焰魔法。

总之，FireMage 类是一个继承自 MagicalCreature 类的子类，具有父类的所有属性和方法，并添加了一个新方法 cast_fire_spell()。当我们创建 FireMage 类的对象时，这个对象会自动设置为"火焰魔法师"类型，并能释放火焰魔法。MagicalCreature 类与FireMage 类的继承关系如图7-5所示。

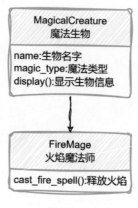

图 7-5

接下来创建一个火焰魔法师对象，该对象的姓名为"小张"：

```
fire_mage = FireMage("小张")
```

上面这行代码创建了一个名为 fire_mage 的 FireMage 类的对象，并将名字"小张"传递给初始化函数__init__()。由于FireMage类继承自MagicalCreature类，所以在初始化时，name 属性被设置为"小张"，magic_type属性被设置为"火焰魔法师"。

接下来调用火焰魔法师对象的display()方法，显示魔法生物的名字和魔法类型：

```
fire_mage.display()
```

上面这行代码调用了fire_mage对象的display()方法。由于FireMage类继承了MagicalCreature类的display()方法，所以调用该方法会打印出：

小张是一个火焰魔法师类型的魔法生物。

最后调用fire_mage对象的cast_fire_spell()方法，展示该对象特有的功能：

```
fire_mage.cast_fire_spell()
```

cast_fire_spell()是FireMage类特有的方法，调用此方法会打印出：

小张施放了火焰魔法！

小鱼看完代码后，兴奋地说："我明白了！FireMage类继承了
MagicalCreature类的属性和方法，但它也有自己特有的方法cast_fire_
spell()。"

魔法师点点头："没错，这就是继承的魔力。"
小鱼高兴得手舞足蹈。
魔法师："接下来，让我给你详细讲讲继承这个有趣的魔法。"

1. 继承是一种传承关系

我们可以将继承想象成是一种传承关系，就像父母和孩子之间的关系。想象一
下，如果你是一位魔法师，你的祖父是一位强大的魔法师，你的父母也是熟练的魔
法师。那么你是否会认为，你可以从你的父母那里继承一些魔法技能呢？

在编程中，继承的概念也是类似的。想象我们有一个基础类（也叫作父类或超
类），它拥有一些特定的属性和行为。现在，我们想创建一个新的类，它和基础类
有一些相同的特性，但又有一些自己的特性。这时候，我们可以使用继承，让新的
类继承基础类的属性和方法。

让我们用一个例子来解释继承的概念。假设我们有一个基础类叫作Animal（动
物），它有一个属性name表示动物的名字，还有一个方法make_sound()，表示动物发
出的声音。现在，我们想要创建不同种类的动物类，如猫、狗和鸭子。这些动物都
有名字和发声的方式，但声音是不同的。代码如下：

```
# 定义一个类 Animal
class Animal:
    def __init__(self, name):
        self.name = name


    # 定义一个 "动物的叫声" 方法，但在基础类中不具体实现
    def make_sound(self):
```

```
        pass  # 这里仅为示意，具体在子类中实现

# 定义一个小猫类Cat，继承自动物类Animal
class Cat(Animal):
    def make_sound(self):
        return "喵喵! "

# 定义一个小狗类Dog，继承自动物类Animal
class Dog(Animal):
    def make_sound(self):
        return "汪汪! "

# 定义一个鸭子类Duck，继承自动物类Animal
class Duck(Animal):
    def make_sound(self):
        return "嘎嘎! "
```

在这个例子中，我们定义了一个基础类Animal，它有一个构造方法__init__()，该方法用于初始化动物的名字，以及一个未实现的方法make_sound()，该方法表示动物的叫声。然后，我们创建了三个子类Cat、Dog和Duck，它们分别继承了Animal类的属性和方法。类的继承关系如图7-6所示。

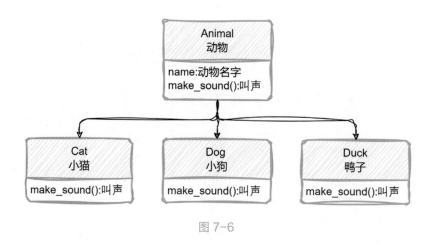

图 7-6

通过继承，Cat、Dog和Duck类都可以使用基础类Animal的属性name，同时也必须实现各自的make_sound()方法来定义不同的叫声。这就像你从父母那里继承了

一些共同的特性，但你也可以在成长过程中，发展出自己独特的能力和个性。继承使代码更模块化，让我们可以更有效地复用已有的代码，同时也能为每个子类定制特定的行为。

2. 魔法生物世界：继承的奇妙力量

接下来，我们将通过一个有趣的案例来学习继承在Python中的应用。我们将创建一个魔法生物的世界，并在其中展示不同类型的生物。准备好了吗？让我们开始吧！

在我们的魔法生物世界中，有各种各样的生物，如巫师、精灵等。每种生物都有一些共同的特性，如姓名、年龄和魔法力量。我们将使用继承来展示这些生物之间的关系，继承关系如图7-7所示。

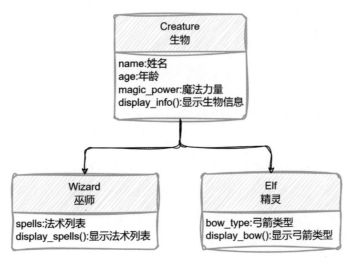

图7-7

步骤 1 创建基础类 Creature

首先，让我们创建一个基础类 Creature，其中包含了所有生物共有的属性：

```python
# 定义一个基础类 Creature
class Creature:
    # 初始化方法，接受三个参数: name（名字）、age（年龄）、magic_power（魔法力量）
    def __init__(self, name, age, magic_power):
        self.name = name  # 将传入的 name 参数赋值给对象属性 name
        self.age = age  # 将传入的 age 参数赋值给对象属性 age
```

```
        self.magic_power = magic_power  # 将传入的 magic_power 参数赋值给对
象属性 magic_power


    # 定义一个方法，用于显示生物的信息
    def display_info(self):
        print(f"姓名: {self.name}")  # 显示对象的 name
        print(f"年龄: {self.age}")  # 显示对象的 age
        print(f"魔法力量: {self.magic_power}")#显示对象的 magic_power
```

在上面的代码中，我们定义了 Creature 类，它有一个构造方法 __init__()，用于
初始化生物的姓名、年龄和魔法力量。同时，Creature 类还有一个 display_info()方
法，用于显示生物的信息。

步骤 2　创建子类 Wizard 和 Elf

接下来，我们将创建两个子类Wizard（巫师）和 Elf（精灵），这些子类会继承
Creature 类的特性，并可以添加自己的特有属性，如巫师的法术和精灵的弓箭类型。

```
# 定义一个Wizard类（巫师），继承自Creature类
class Wizard(Creature):
    # 初始化函数，接受姓名、年龄、魔法力量和法术列表作为参数
    def __init__(self, name, age, magic_power, spells):
        super().__init__(name, age, magic_power)  # 调用父类的初始化函数
        self.spells = spells  # 设置法术列表属性


    # 巫师特有的方法：显示法术
    def display_spells(self):
        print(f"法术: {', '.join(self.spells)}")

# 定义一个Elf类（精灵），继承自Creature类
class Elf(Creature):
    # 初始化函数，接受姓名、年龄、魔法力量和弓箭类型作为参数
    def __init__(self, name, age, magic_power, bow_type):
        super().__init__(name, age, magic_power)  # 调用基础类的初始化函数
        self.bow_type = bow_type  # 设置弓箭类型属性
```

```
    # 精灵特有的方法：显示弓箭类型
    def display_bow(self):
        print(f"弓箭类型: {self.bow_type}")
```

步骤 3 使用继承

现在，让我们来使用这些继承的属性和方法吧！

```
# 创建巫师和精灵对象
# 创建巫师对象，姓名为Harry，年龄为20，魔法能量为100，法术列表为["火球", "传送"]
harry = Wizard("Harry", 20, 100, ["火球", "传送"])
# 创建精灵对象，姓名为Legolas，年龄为150，魔法能量为80，弓箭类型"长弓"
legolas = Elf("Legolas", 150, 80, "长弓")


# 显示巫师和精灵的信息
print("巫师信息:")
harry.display_info()     # 调用巫师对象的display_info()方法，显示巫师的信息
harry.display_spells()   # 调用巫师对象的display_spells()方法，显示巫师法术


print("\n精灵信息:")
legolas.display_info()    # 调用精灵对象的display_info()方法，显示精灵的信息
legolas.display_bow()     # 调用精灵对象的display_bow()方法，显示精灵的弓箭类型
```

在上面这段代码中，我们创建了一个巫师对象harry和一个精灵对象legolas，它们分别是 Wizard类和 Elf类的对象。然后，我们调用了它们的方法来显示信息，显示了共有属性和特有属性。

运行上面这段代码，输出的信息如下：

```
巫师信息:
姓名: Harry
年龄: 20
魔法力量: 100
法术: 火球，传送
```

精灵信息：

姓名：Legolas

年龄：150

魔法力量：80

弓箭类型：长弓

通过继承，我们可以轻松创建不同类型的生物，并且共享这些生物的特性。在这个魔法生物的世界里，继承为我们带来了强大的魔法力量，让我们可以创造出各种神奇的生物！

小鱼和魔法师继续在村落里游览，小鱼认识了各种各样的魔法家族，他深深被继承的魔法所吸引，决定在这里多待一段时间，学习更多关于继承的知识。

魔法·小·贴士

使用继承，我们可以实现代码的重用，避免重复编写相同的代码，从而提高代码的编写效率和可维护性。继承不仅仅实现代码的重用，还提供了一种思考和组织问题的方式，能帮助我们更好地理解和描述现实世界中的关系。

- 在使用继承时，确保子类是父类的一种特殊类型。
- 避免过度使用继承，这可能会导致代码的复杂性增加。
- 当重新实现父类的方法时，确保子类的方法与父类的方法具有相同的名称，并确保它们的行为是一致的。

继承是魔法世界中的传承之力，它让我们站在巨人的肩膀上，继续创造和探索。通过继承，我们可以让魔法的火焰永远燃烧下去！

7.5 魔法生物的多重身份：多态与方法重载

在小鱼掌握了继承的魔法后，魔法师带领他进入了一个更加神秘的魔法领域。他们来到一个巨大的魔法镜前，镜子里映射出各种各样的魔法生物。令小鱼惊讶的是，有些生物虽然形态各异，但却拥有相同的名字。

"魔法师，为什么这些生物看起来不同，但名字却一样？"小鱼疑惑地问。

魔法师微笑着说："这就是多态的魔法。在我们的编程世界中，多态允许我们使用同一个接口来定义不同的实现。这意味着，不同的魔法生物可以有相同的行为，但具体的行为实现却各不相同。"

小鱼思索片刻，说："这就如同虽然所有的魔法生物都可以进行攻击，但火元素生物使用喷火进行攻击，而水元素生物使用水箭进行攻击。"

"正是如此。"魔法师点头，"方法重载是多态的一种表现，允许我们为同一个方法提供多个定义，根据传入参数的不同来决定使用哪一个定义。"

小鱼眼中闪烁着光芒，他似乎开始理解了："所以，一个火元素生物可以用不同的方式喷火，一个水元素生物可以根据情况，选择射出大水箭还是小水箭。"

魔法师说："你理解得很快，小鱼。现在，我将教你如何在编程中使用多态和方法重载，让魔法生物更加灵活多变。"

1. 多态：让方法变魔法

在魔法世界中，多态是一种神奇的力量，可以让不同的生物使用相同的魔法咒语，展现出不同的效果。现在，我们用编程来感受一下多态的奇妙之处吧！

回顾前面动物继承的例子，我们定义了一个基础类Animal，以及一个未实现的方法make_sound()，用于表示动物的叫声。然后，我们创建了三个子类Cat、Dog和Duck（猫类、狗类和鸭子类），它们分别继承了Animal类的属性和方法。

猫类、狗类、鸭子类都有一个特殊的发声咒语。使用多态，可以让它们使用同一个发声咒语，发出不同的声音：

```python
# 创建动物列表
animals = [Cat("小猫"), Dog("小狗"), Duck("鸭子")]


# 让动物发出声音
for animal in animals:
    print(f"{animal.name} 叫: {animal.make_sound()}")
```

在上面的代码中，我们先把不同的动物放入一个列表内。根据动物继承的例子，我们知道这些动物有不同的外表和声音，但都继承了同一个类Animal。

然后，我们使用循环遍历这个动物列表，这就像我们在一个一个地释放魔法咒语。

在循环中，我们使用了一个神奇的发声咒语animal.make_sound()。但是，这个咒语会根据不同的动物而变化。例如，猫会"喵喵"地叫，狗会"汪汪"地叫，鸭子会"嘎嘎"地叫。上述过程的完整代码如下：

```python
# 定义一个类 Animal，表示动物
class Animal:
    def __init__(self, name):
        self.name = name

        # 定义一个方法，但在基础类中不具体实现
    def make_sound(self):
        pass  # 这里仅为示意，在子类中具体实现


# 定义一个子类 Cat，继承自 Animal
class Cat(Animal):
    def make_sound(self):
        return "喵喵! "


# 定义一个子类 Dog，继承自 Animal
class Dog(Animal):
    def make_sound(self):
        return "汪汪! "


# 定义一个子类 Duck，继承自 Animal
class Duck(Animal):
    def make_sound(self):
        return "嘎嘎! "


# 创建动物的列表
animals = [Cat("小猫"), Dog("小狗"), Duck("鸭子")]


# 多态的实现：让动物发出声音（循环遍历每个动物）
for animal in animals:
    print(f"{animal.name} 叫: {animal.make_sound()}")
```

在VSCode中运行这段代码，输出的结果如图7-8所示。

```
PROBLEMS    OUTPUT    DEBUG CONSOLE    TERMINAL
PS D:\my_python> & C:/Users/jock/AppData/Lo
小猫 叫：喵喵！
小狗 叫：汪汪！
鸭子 叫：嘎嘎！
PS D:\my_python> []
```

图 7-8

这就是多态的神奇之处！虽然我们使用了相同的咒语，但在不同的动物身上，同一个咒语有不同的效果。

多态让我们的代码更有趣，也更灵活。当我们需要添加新的动物或行为时，不必改变原有的代码，只需在新的类里实现相应的魔法就可以了。

所以，多态是一种神奇的编程魔法，可以让你的代码变得更有趣！

2. 重载：多态的表现

传统的重载是指在同一个类中，定义多个同名的方法，这些方法的参数列表不同。Python 不支持传统的重载，但我们可以通过提供默认参数或使用可变参数，实现与重载相似的功能。

为了展示重载的概念，我们可以为前面的Animal类添加一个display_info()方法，该方法可以接受不同数量的参数来显示不同的信息：

```python
# 重载方法的示例：display_info()方法可以接受不同数量的参数
def display_info(self, age=None):
    if age:
        return f"{self.name}，年龄 {age} 岁"
    else:
        return f"{self.name}"
```

display_info()方法接受一个名为 age 的参数，并为它设置了一个默认值None。这意味着当调用这个方法时，可以选择是否提供age参数。

- if age：在 Python 中，None、0、False、空字符串等都被视为 False。所以，如果 age 参数没有被传入或者传入的值为None，则该判断的结果为False。

- return f"{self.name}，年龄 {age} 岁"：如果age参数被传入，且它的值不是None，则这行代码会被执行，并返回一个格式化的字符串，该字符会显示动物的名字和年龄。

接下来调用子类的display_info()方法来使用重载：

```python
# 创建动物的列表（三个动物对象）
animals = [Cat("小猫"), Dog("小狗"), Duck("鸭子")]
# 重载的实现：显示动物的信息
print(animals[0].display_info())  # 输出：小猫
print(animals[0].display_info(3))  # 输出：小猫，年龄 3 岁
```

上面这段代码从 animals 列表中获取第一个元素。animals 列表的第一个元素是一个Cat类对象，名字为小猫。

- animals[0].display_info()：调用了对象"小猫"的display_info()方法，但没有传入age参数。因此，方法中的参数age使用了默认值None。由于我们在display_info()方法中对age进行了判断，当age为None时，只返回动物的名字。所以，输出结果为"小猫"。
- animals[0].display_info(3)：在调用display_info()方法时，传入了age参数，值为3。在 display_info()方法中，由于age参数有值，该方法会返回动物的名字和年龄。所以输出结果为"小猫，年龄 3 岁"。

总之，上面这段代码展示了如何使用 display_info()方法的重载特性。通过传入不同的参数（或不传参数），我们可以得到不同的输出结果，这正是重载的魅力所在。

添加重载功能后的完整代码如下：

```python
# 定义一个类 Animal，表示动物
class Animal:

    def __init__(self, name):
        self.name = name


    # 定义一个方法，但在基础类中不具体实现
```

```python
    def make_sound(self):
        pass   # 这里仅为示意，在子类中具体实现

    # 重载的示例: display_info()方法可以接受不同数量的参数
    def display_info(self, age=None):
        if age:
            return f"{self.name}，年龄 {age} 岁"
        else:
            return f"{self.name}"
```

重载的相关代码

```python
# 定义一个子类 Cat，继承自 Animal
class Cat(Animal):
    def make_sound(self):
        return "喵喵! "


# 定义一个子类 Dog，继承自 Animal
class Dog(Animal):
    def make_sound(self):
        return "汪汪! "


# 定义一个子类 Duck，继承自 Animal
class Duck(Animal):
    def make_sound(self):
        return "嘎嘎! "


# 创建动物的列表（三个动物对象）
animals = [Cat("小猫"), Dog("小狗"), Duck("鸭子")]


# 多态的实现: 让动物发出声音（循环遍历每个动物）
for animal in animals:
    print(f"{animal.name} 叫: {animal.make_sound()}")


# 重载的实现: 显示动物的信息
print(animals[0].display_info())    # 输出: 小猫
print(animals[0].display_info(3))   # 输出: 小猫, 年龄 3 岁
```

在魔法师的指导下，小鱼开始学习如何定义多态的类和重载方法。他发现，使用多态和重载不仅使代码更加简洁，还能提高代码的可读性和可维护性。他越来越感受到，编程魔法的奥妙远不止他之前所知道的那些。

经过一番学习，小鱼成功地为魔法生物添加多态特性和重载方法。他兴奋地展示给魔法师看，魔法师也为他的进步感到欣慰。

"记住，小鱼，编程就像魔法，它的力量源于你的创造力和想象力。只要你持续学习和探索，就能创造出更多的奇迹。"魔法师语重心长地说。

小鱼深受感动，他坚定地点了点头，说："我会的，魔法师。"

魔法·小·贴士

使用多态和重载，可以提高代码的灵活性和可读性，使代码更加简洁和高效。使用多态时，要确保代码的逻辑清晰，避免混淆。当使用多态和重载时，建议编写详细的文档和注释，以帮助其他人理解和使用你的代码。

7.6 魔法保护：封装与私有属性

小鱼来到一个空旷的走廊上，脑子里仍然思考着前面所学的知识。突然，他的脚踩到了一块松动的地砖。在好奇心的驱使下，他轻轻地推开地砖，一个陡峭的楼梯出现在他面前，通往地下的未知领域。

小鱼决定探索这个神秘的楼梯。他小心翼翼地沿着楼梯走下去，最终来到一个古老的地下室。这里充满了历史的气息，墙上挂满了古老的魔法画像。地下室的正中央是一个巨大的魔法保险柜。这个保险柜散发着神秘的光芒，仿佛里面藏有无尽的宝藏。

小鱼心跳加速，当他试图用魔法棒敲击保险柜时，一股强大的魔法力量差点让他摔倒。

这时，魔法师走了过来，轻轻摇了摇头，说："小鱼，这个保险柜里面藏有一本古老的魔法书。保险柜是用封装魔法制造的，你不能直接打开它。"

小鱼疑惑地看着魔法师："封装魔法？那是什么？"

魔法师微笑地解释："封装就像这个保险柜一样，它保护着里面的宝物，你无法直接打开，因为保险柜被锁住了。你需要使用专门的魔法钥匙打开这个保险柜，这个钥匙就像编程中类的方法，能控制你访问和修改物品。在编程中，封装方法可以保护我们的代码和数据，确保它们不被恶意修改。接下来我给你详细讲解一下。"

封装是面向对象编程中的重要概念，允许我们将数据和行为包装在一个单元内，同时隐藏实现细节。封装有助于提高代码的安全性和可维护性，就像一道坚固的魔法护盾，保护着我们的程序。

让我们通过一个例子，学习如何使用封装保护我们的代码。

假设魔法学院的每个学生都有一个学生卡，上面记录了学生的姓名、年龄和学号。这些信息是每个学生的隐私，不希望被随意访问和修改。我们可以使用封装来创建一个学生类，将这些数据封装在类的内部，并提供一些方法访问和修改这些数据：

```python
# 定义一个学生类
class Student:            # 姓名、年龄、学号
    def __init__(self, name, age, student_id):
        self.__name = name  # 使用 "__"，将属性变为私有
        self.__age = age
        self.__student_id = student_id


    # 获取姓名（封装方法）
    def get_name(self):
        return self.__name


    # 获取年龄（封装方法）
    def get_age(self):
        return self.__age


    # 获取学号（封装方法）
    def get_student_id(self):
        return self.__student_id


    # 设置姓名（封装方法）
```

```
    def set_name(self, name):
        self.__name = name


    # 设置年龄（封装方法）
    def set_age(self, age):
        if age >= 0:  # 确保年龄为非负数
            self.__age = age


    # 设置学号（封装方法）
    def set_student_id(self, student_id):
        self.__student_id = student_id
```

上面这段代码使用"__"，将属性__name、__age和__student_id 变为私有属性。私有属性的特点是不能直接在类的外部访问，只能通过定义的封装方法，才能访问或修改属性的值，相当于只有使用特定的钥匙，才能打开保险柜。

- def __init__(self, name, age, student_id)：定义类的初始化函数，初始化学生对象的属性。self是指向对象本身的引用。
- def get_name(self)：定义获取姓名的方法，可以通过get_name()访问私有属性__name。
- def set_name(self, name)：定义设置姓名的方法，可以通过set_name(new_name)修改私有属性__name。

在定义学生类后，可以调用封装方法，访问或修改其中的属性：

```
# 创建一个学生对象，传入姓名、年龄和学号
student1 = Student("小鱼", 15, "12345")


# 输出学生信息
print("姓名:", student1.get_name())
print("年龄:", student1.get_age())
print("学号:", student1.get_student_id())


# 修改学生信息
```

```
student1.set_name("魔法小鱼")
student1.set_age(16)
student1.set_student_id("67890")

# 输出修改后的学生信息
print("修改后的姓名:", student1.get_name())
print("修改后的年龄:", student1.get_age())
print("修改后的学号:", student1.get_student_id())
```

上面这段代码提供了一些公有方法，如get_name()、get_age()、set_name()，来访问和修改其中的私有属性。这样一来，外部代码无法直接访问和修改私有属性，只能通过公有方法来实现，从而确保代码的安全性和稳定性。

运行上述代码，输出如下信息：

```
姓名：小鱼
年龄：15
学号：12345
修改后的姓名：魔法小鱼
修改后的年龄：16
修改后的学号：67890
```

在这个例子中，我们使用封装将属性设置为私有，通过公有方法访问和修改这些属性。这样做可以限制对属性的直接访问，提高数据的安全性，同时控制数据的访问权限，确保属性只能通过指定的方法进行访问和修改。

小鱼仔细地听着，他开始逐渐理解封装的用法，并决定尝试使用这个魔法来打开眼前的保险柜。

小鱼首先定义了一个魔法安全类MagicSafe，模拟一个魔法保险柜，该保险柜内有私有的宝物，只有使用正确的魔法钥匙才能打开并获取宝物：

```python
class MagicSafe:
    def __init__(self, treasure):
        self.__treasure = treasure  # 定义宝物，是私有属性


    # 打开保险柜。公有方法，用于访问私有属性
```

```python
def open_safe(self, key):
    if key == "魔法钥匙":
        return self.__treasure
    else:
        return "钥匙错误!"
```

上面这段代码通过使用封装，确保了__treasure属性的私有性，只有通过正确的方法，才能访问这个私有属性。

- def __init__(self, treasure)：类的初始化方法。当创建MagicSafe类的一个对象时，这个初始化方法会被自动调用。该方法接受一个参数treasure，代表存放在保险柜里的宝物。
- self.__treasure = treasure：定义一个私有属性__treasure，这个属性只能在MagicSafe类的内部被访问，外部代码不能直接访问它。
- def open_safe(self, key)：一个公有方法，接受一个参数key，代表尝试打开保险柜的钥匙。如果钥匙是"魔法钥匙"，则返回私有属性__treasure的值，即宝物。否则，返回"钥匙错误!"，表示钥匙不正确。

接下来，小鱼创建了MagicSafe类的一个对象，并通过调用open_safe()方法，打开了保险柜：

```python
safe = MagicSafe("古老的魔法书")
print(safe.open_safe("魔法钥匙"))   # 输出：古老的魔法书
print(safe.open_safe("普通钥匙"))   # 输出：钥匙错误！
```

上面这段代码先创建了一个名为safe的MagicSafe对象，在其中存储了一个名为"古老的魔法书"的宝物，然后尝试使用两个不同的钥匙"魔法钥匙"和"普通钥匙"打开保险柜，分别得到了正确的宝物和错误提示。

小鱼成功地打开了保险柜，取出了里面的宝物。他兴奋地跳了起来："我做到了！我掌握了封装的魔法！"

魔法师微笑地用手拍了拍他的头："很好，小鱼。"

魔法·小·贴士

使用封装，我们可以隐藏对象的内部实现细节，只向外部暴露必要的接口。私有属性是封装的一种体现，它确保属性只能在类的内部被访问和修改，从而保护数据的完整性和安全性。

- 尽量不要直接访问对象的私有属性，而是使用公开的方法获取或修改私有属性。
- 在Python中，私有属性的命名规则是在属性名前加两个下画线（如__ private_attribute）。
- 避免过度封装，这可能会增加代码的复杂性。
- 当创建一个新的类或对象时，始终考虑哪些属性和方法应该是私有的，哪些应该是公开的。

7.7 【魔法实践】展示动物技能

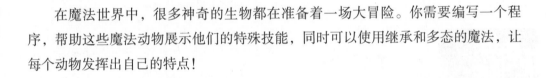

在魔法世界中，很多神奇的生物都在准备着一场大冒险。你需要编写一个程序，帮助这些魔法动物展示他们的特殊技能，同时可以使用继承和多态的魔法，让每个动物发挥出自己的特点！

首先，需要创建以下类：

- Animal 类：所有魔法动物的基类。其中，属性 name 表示名字，方法 show_skill() 用于展示技能。
- Cat 类：继承自 Animal，有一个特殊技能 climb_trees()，能输出"我会爬树!"。
- Dog 类：继承自 Animal，有一个特殊技能 fetch_ball()，能输出"我会捡球!"。
- Duck 类：继承自 Animal，有一个特殊技能 swim()，能输出"我会游泳!"。

然后，创建一个动物列表，至少包括一只猫、一只狗和一只鸭子。使用循环遍历这个列表，分别调用每个动物的 show_skill() 方法，并展示它们的特殊技能。

魔法·小·贴士

在定义每个类时，确保使用继承和多态。尽情释放你的魔法力量，让这些魔法动物展示他们的技能吧！

思维导图

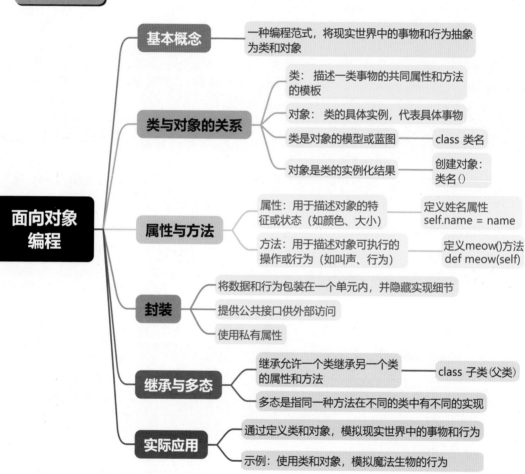

面向对象编程

- **基本概念** —— 一种编程范式，将现实世界中的事物和行为抽象为类和对象

- **类与对象的关系**
  - 类：描述一类事物的共同属性和方法的模板
  - 对象：类的具体实例，代表具体事物
  - 类是对象的模型或蓝图 —— class 类名
  - 对象是类的实例化结果 —— 创建对象：类名()

- **属性与方法**
  - 属性：用于描述对象的特征或状态（如颜色、大小）—— 定义姓名属性 self.name = name
  - 方法：用于描述对象可执行的操作或行为（如叫声、行为）—— 定义meow()方法 def meow(self)

- **封装**
  - 将数据和行为包装在一个单元内，并隐藏实现细节
  - 提供公共接口供外部访问
  - 使用私有属性

- **继承与多态**
  - 继承允许一个类继承另一个类的属性和方法 —— class 子类(父类)
  - 多态是指同一种方法在不同的类中有不同的实现

- **实际应用**
  - 通过定义类和对象，模拟现实世界中的事物和行为
  - 示例：使用类和对象，模拟魔法生物的行为

第8章

魔法碎片与最终的决战

剧情预告

在编程的旅程中，小鱼已经积累了许多宝贵的知识和经验。在本章中，小鱼将进行一次充满刺激的冒险，他必须集齐最后一块魔法碎片，以解锁魔法盒子的真正力量。

在这一过程中，小鱼不仅要面对各种编程上的难题，还要与黑暗魔法师进行一场高级编程的对决。这不仅是代码技巧的较量，更是对他们逻辑思维和策略应用的考验。小鱼需要运用他在前面学到的所有知识，与黑暗魔法师进行一场激烈的战斗。

8.1 寻找最后的魔法碎片

在魔法世界的边缘，小鱼和魔法师踏入被称为"无尽之地"的荒原。他们站在"无尽之地"的入口，眼前是一片荒芜的景象。这里曾是魔法世界最繁华的地方，但由于某种原因，所有的魔法都消失了，只留下这片荒原。魔法师告诉小鱼，这片荒原是由失去魔法的代码构成的，只有找到并修复这些代码，才能找到隐藏在荒原中心的最后一块魔法碎片。

小鱼深吸了一口气，踏入了这片荒原。在荒原中行走了一会后，他发现一块埋在沙土中的圆形石头。石头上刻有一段代码，但其中有部分代码被风沙侵蚀，变得模糊不清。小鱼仔细观察，发现石头上写着：计算1到n之间的整数之和。在这句话的下方写着如下代码：

```python
# 石头上的代码
def magic_sum(n):
    total = 0
    for i in range(0, n):
        total += i
    return total
```

小鱼看到这段代码后，迅速发现了存在的问题。这个函数的目的是计算从1到n的所有整数的和，但由于range()函数不包含最后一个数字，所以应该将range(0, n)修改为range(1, n+1)。

小鱼小心地用魔法笔在石头上修改了代码：

```python
# 修改后的代码
def magic_sum(n):
    total = 0
```

```
    for i in range(1, n+1):
        total += i
    return total
```

随着代码的修复，石头上的文字开始发光，周围的风沙逐渐消散，露出了一片草地。

小鱼继续向前走，他发现自己站在一个巨大的魔法阵中。魔法阵的中央有一个石台，上面放着一个巨大的沙漏，沙漏旁边有一个古老的魔法卷轴。小鱼走上前，发现卷轴上写着一段代码：

```
# 计算剩余时间
def calculate_time_left(sands):
    hours = sands / 100
    minutes = (sands % 100) * 0.6
    return f"还剩{hours}小时{minutes}分钟"
```

小鱼发现，这段代码的目的是将沙子的数量转换为所需的时间。参数sands代表沙子的数量，每100粒沙子代表1小时，即60分钟，1粒沙子代表0.6分钟。sands除以100所得结果的整数部分作为小时数，余数部分乘以0.6作为分钟数。

小鱼发现上面这段代码在处理沙子数量时，返回的时间不正确。例如，当sands为250时，返回"还剩2.5小时30.0分"，正确的输出应该是"还剩2小时30分"。

小鱼需要修复这个问题，确保返回的时间是正确的。为了解决这个问题，小鱼决定将小时转换为整数，并对分钟进行四舍五入：

```
# 计算剩余时间
def calculate_time_left(sands):
    hours = int(sands / 100) # 结果只取整数部分，去掉小数
    minutes = round((sands % 100) * 0.6) # 四舍五入
    return f"还剩{hours}小时{minutes}分钟"
```

◆ 解 析

- hours = int(sands / 100)：将sands除以100，并取整数部分，得到剩余的小时数。这里假设100粒沙子代表1小时。
- minutes = round((sands % 100) * 0.6)：首先计算sands除以100的余数（sands %

215

100），然后将余数乘以0.6，即可得到剩余的分钟数，这里假设1粒沙子代表0.6分钟。最后使用round()函数，对结果进行四舍五入。

接下来，小鱼对修复后的代码进行了测试：

```python
# 调用函数，计算所需的时间。假设沙子的数量为250
result=calculate_time_left(250)
print(result)  # 输出：还剩2小时30分钟
```

经过这次修复，无论沙子的数量是多少，返回的时间都是正确的。

小鱼成功地修复了所有的代码，突然整片荒原被五彩斑斓的光芒所照耀。在光芒的中心，他发现了一个红色的盒子。

魔法师高兴地说："恭喜你小鱼，盒子里应该是最后一块魔法碎片了。"

小鱼赶忙打开小盒子。让两人没想到的是，盒子里是空的，并没有魔法碎片。

魔法师震惊道："怎么会这样！一定是有谁在暗中阻止我们！看来最后一块魔法碎片不是那么容易得到的。"

小鱼的心情瞬间失落了："那可怎么办呢？"

魔法师想了想说："小鱼跟我来！"

魔法师带小鱼来到了一个名为"量子维度"的神秘空间，这个空间正好处于魔法世界的边缘，是一个由量子编码构成的多维网络，这里充满了流动的数据和闪烁的光点。

在这个量子维度的核心，有一个巨大的黑暗球体，这个球体被称为暗物质之心。据说，这个神秘的球体包含了宇宙中所有的信息和能量，也经常作为最后一块魔法碎片的隐藏之地。

魔法师说："小鱼，我们只能在这里试一试了。"

突然，一个闪烁的量子界面浮现在小鱼和魔法师面前。界面上有一层微妙的能量场，仿佛由未知的暗物质构成。界面中央有一行文字逐渐显现：找出一个数组中的最大值和最小值。

小鱼和魔法师对视了一眼，都明白这是暗物质之心的保护机制，即一个编程挑战。只有解决了这个问题，他们才能接触到暗物质之心，才能解锁更多关于量子维度的秘密。

"这是一个经典的编程问题，小鱼。"魔法师微笑着说，"我知道你可以做到。"

小鱼深吸了一口气，走到量子界面面前。他伸出手，触摸界面上的能量场，突然豁然开朗。他开始在笔记本电脑上写代码，试图解决这个问题：

```python
# 找出一个数组中的最大值和最小值
def find_max_min(arr):
    max_num = arr[0] # 最大值
    min_num = arr[0] #最小值
    for num in arr: # 循环对比数组列表中每一个元素的大小
        if num > max_num:
            max_num = num
        if num < min_num:
            min_num = num
    return max_num, min_num
```

这段代码定义了一个名为find_max_min()的函数，用于找出一个数组中的最大值和最小值。函数接受一个名为arr的参数，该参数是一个包含数字的列表。

- max_num = arr[0]：初始化max_num变量，将其设置为列表arr的第一个元素。这里假设列表不为空。
- min_num = arr[0]：初始化min_num变量，将其设置为列表arr的第一个元素。这里假设列表不为空。
- for num in arr::开始一个循环，遍历列表arr中的每一个元素。
- if num > max_num::检查当前元素（num）是否大于max_num。
- max_num = num：更新max_num为当前元素（num）。
- if num < min_num::检查当前元素（num）是否小于min_num。
- min_num = num：更新min_num为当前元素（num）。
- return max_num, min_num：返回包含两个元素的元组，第一个方案是最大值（max_num），第二个是最小值（min_num）。

接下来，小鱼对上面的代码进行了测试：

```python
# 调用函数，计算一个数组中的最大值和最小值
result=find_max_min([3,5,2,6,8,7,9])
print(result) # 输出: (9, 2)
```

执行上面这段代码时，变量max_num和min_num的变化过程如图8-1所示。

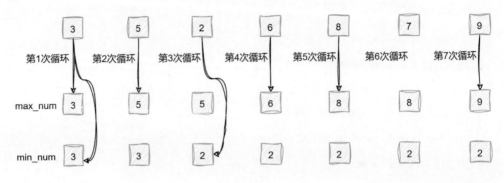

图 8-1

变量max_num存储最大值，变量min_num存储最小值。开始时，max_num = 3，min_num = 3，这是因为数组的第一个元素是3。后续的每一次循环将比对数组当前元素与max_num、min_num的大小，并进行替换。当所有循环结束时，变量max_num的值即为最大值，变量min_num的值即为最小值。

小鱼将函数代码传输到量子界面中。界面上的文字开始闪烁，然后消失，取而代之的是一道明亮的光束，直指暗物质之心。

"你做到了，小鱼！"魔法师欣喜地说。

正当两人以为挑战完成的时候，量子界面上再次出现了新的文字：找出一个数组中重复出现的所有数字。

小鱼和魔法师再次对视一眼，都能从对方的眼神中看出一丝惊讶。

"看来暗物质之心并不打算让我们轻易接近它。"魔法师轻声说。

"没关系，我们已经来到这里了，不能就这样放弃。"小鱼回应，他的眼中闪烁着坚定的光芒。

小鱼再次走到量子界面面前，深吸了一口气，再次触摸界面上的能量场。他感到一股强烈的能量涌入他的身体。

他试着在笔记本上写下如下代码：

```python
# 找出一个数组中重复出现的所有数字
def find_duplicates(arr):
    num_dict = {} # 以键值对的方式存储数组中每个数字出现的次数
    duplicates = [] # 存储重复出现的数字
    for num in arr: # 循环遍历数组中的每一个元素
        if num in num_dict:
            num_dict[num] += 1
```

```
        else:
            num_dict[num] = 1
    for key, value in num_dict.items(): # 循环遍历每一个键值对
        if value > 1:
            duplicates.append(key)
    return duplicates
```

上面这段代码定义了一个名为find_duplicates()的函数，该函数用于找出一个数组中重复出现的所有数字。函数接受一个名为arr的参数，该参数是一个包含数字的列表。

- num_dict = {}：空字典，用于存储数组中每个数字出现的次数。
- duplicates = []：空列表，用于存储重复出现的数字。
- for num in arr::开始一个循环，遍历列表arr中的每一个元素。
- if num in num_dict::检查当前元素（num）是否已经在字典num_dict中。
- num_dict[num] += 1：将该数字对应的值（出现次数）加1。
- else::如果当前元素（num）不在字典num_dict中。
- num_dict[num] = 1：将该数字添加到字典中，并设置其出现次数为1。
- for key, value in num_dict.items()::开始一个循环，遍历字典num_dict中的每一个键值对。
- if value > 1::检查当前键（数字）对应的值（出现次数）是否大于1。
- duplicates.append(key)：将该数字添加到duplicates列表中。
- return duplicates：返回包含所有重复数字的列表。

为了确保代码的正确，小鱼对写好的代码进行了测试：

```
# 调用函数，找出一个数组中重复出现的所有数字
result= find_duplicates([2,4,5,6,2,6])
print(result) # 输出: [2, 6]
```

这段代码的执行流程如图8-2所示。

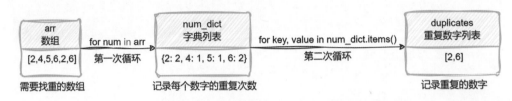

arr 数组		num_dict 字典列表		duplicates 重复数字列表
[2,4,5,6,2,6]	→ for num in arr 第一次循环	{2: 2, 4: 1, 5: 1, 6: 2}	→ for key, value in num_dict.items() 第二次循环	[2,6]
需要找重的数组		记录每个数字的重复次数		记录重复的数字

图 8-2

小鱼将这段代码传输到量子界面中。界面上的文字开始闪烁，然后消失。这次，暗物质之心发出了更加明亮和温暖的光芒。

"你再次做到了，小鱼！"魔法师欣然说道，他的脸上洋溢着如同孩子般纯真的喜悦。

"我们终于可以接近它了。"小鱼兴奋地说。

暗物质之心开始震动，然后缓缓地打开，从中释放出一道耀眼的光芒。光芒中飞出最后一块魔法碎片，它在空中一闪即逝，然后稳稳地落在小鱼的手中。

小鱼喜极而泣，眼泪流了下来。

然而，挑战并未就此结束。

8.2 黑暗魔法师的挑战：高级编程对决

就在这时，整个天空变得一片漆黑，一道闪电划破黑暗，一个巨大的黑影从天而降。这是黑暗魔法师，他也渴望得到这块魔法碎片，以增强自己的力量。他的眼睛里闪烁着冷酷的光芒，身上散发出强大的魔法气息。

"你就是小鱼吧？"黑暗魔法师冷冷地说，"这块魔法碎片是我的，如果你想要，就必须通过我的挑战。"

小鱼看了一眼手中的魔法碎片，发现魔法碎片不见了。

小鱼不想放弃，他深吸了一口气，坚定地说："我接受挑战。"

小鱼知道，这是一场逻辑和策略的较量。他必须运用所学到的所有编程知识，与黑暗魔法师进行智慧的对决。

黑暗魔法师微微一笑。原来他趁小鱼不注意时，将魔法碎片隐藏在一个神秘的句子中。这个句子由一系列的单词组成，在这个句子中，隐藏着一个特殊的单词，这个单词的首字母和尾字母是相同的，这个单词在句子中只出现了一次。找到这个单词，就能找到魔法碎片。

神秘句子为：

In the deep night, the star light up the sky, each star is like an eye, watching the universe.

小鱼的挑战是编写一个函数，从这个神秘的句子中找出那个单词。

1. 寻找特殊单词

小鱼思考许久后，他决定采用一个简便、直观的方法。他选择使用Python的字符串方法，直接找到那个特殊的单词。他首先在笔记本电脑上定义了一个函数find_special_word()：

```
def find_special_word(sentence):
```

这个函数接收了一个参数sentence，代表单词句子的内容。

接着，小鱼开始编写函数体内的代码。考虑到句子中有逗号和句号等特殊符号，他使用replace()函数，将句子中的所有逗号和句号替换为空字符串，并把替换后的句子赋值给变量new_sentence：

```
new_sentence=sentence.replace(",","").replace(".","")
```

然后，小鱼使用split()函数，把新句子按照空格分割成一个单词列表，赋值给变量words，方便后续从列表中查找单词：

```
words = new_sentence.split()
```

接下来，小鱼使用for循环，检查列表中的每一个单词，并对比单词的首尾字母是否相同，若相同，则返回这个单词。如果循环结束后仍然没有找到符合条件的单词，则返回空值None：

```
    for word in words:
        if word[0] == word[-1]:  # 检查单词的首尾字母是否相同
          return word
    return None
```

上面这段代码使用word[0]获取单词的首字母，使用word[-1]获取单词的尾字母。

写完函数后，小鱼调用find_special_word()函数，并打印最终的结果：

```
sentence="In the deep night, the star light up the sky, each star is
like an eye, watching the universe."
word=find_special_word(sentence)
print("单词是: "+word)
```

上述过程的完整代码如下：

```
# 定义查找单词的函数
def find_special_word(sentence):
    new_sentence=sentence.replace(",","").replace(".","")
    words = new_sentence.split()  # 将句子分割成单词列表
    for word in words:
        if word[0] == word[-1]:  # 检查单词的首尾字母是否相同
          return word
    return None


# 句子内容
sentence="In the deep night, the star light up the sky, each star is
like an eye, watching the universe."
# 调用函数
word=find_special_word(sentence)
# 打印结果
print("单词是: "+word)
```

小鱼运行上面这段代码后，计算机输出了正确结果：

随着结果的输出，魔法碎片飘浮到空中。小鱼看着魔法碎片，脸上露出了欣慰的笑容。

黑暗魔法师露出了惊讶的表情，他没想到小鱼能这么快找到答案。就在这时，黑暗魔法师一把抢过了魔法碎片。他依然不死心，再次向小鱼抛出了一个问题。

在一个小镇上，有一家魔法杂货店，每天都有不同的顾客来这里购买魔法物品。但是，店主发现有些顾客经常忘记付钱。为了解决这个问题，店主希望有一个程序，能记录每位顾客的购物情况，以及他们是否支付了货款。如果顾客没有支付货款，则程序会自动发送一条消息提醒他们。

黑暗魔法师得意洋洋地说："看来是我小看你了，如果你能替杂货店店主解决这个问题，我手里的魔法碎片就归你了。"

小鱼真想一把夺过碎片，但面对强大的黑暗魔法师，他没有别的选择，只能再次点头答应了这个挑战。

2. 魔法杂货店程序

小鱼首先定义了一个名为Shop的类，代表魔法杂货店。该类用于模拟商店的基本功能，如添加顾客、购买商品、支付货款以及检查哪些顾客尚未支付。

```python
class Shop:
    def __init__(self):
        self.customers = {}
```

在__init__()方法中，初始化了一个名为customers的列表，用于存储顾客的购物记录和支付状态。__init__()方法是Shop类的初始化方法，每当创建Shop类的对象时，系统都会自动调用__init__()方法。

然后，小鱼在Shop类中定义了一个添加新顾客的函数：

```python
def add_customer(self, name):
    self.customers[name] = {"items": [], "paid": False}
```

这个函数接收一个参数name，表示顾客的名字。在customers列表中，为顾客name创建一个新的条目，其中包含空的购物清单items和表示是否已支付的标志

paid。这样，每个顾客都有一个购物清单items（初始为空列表）和一个支付状态paid（初始为False）。

接着，小鱼在Shop类中定义了一个购买商品的函数，用于记录顾客的购物行为：

```python
def buy(self, name, item):
    if name in self.customers:
        self.customers[name]["items"].append(item)
    else:
        print(f"{name} 不是本店的顾客。")
```

这个函数接收两个参数：顾客的名字和要购买的商品。如果顾客名字在customers列表中，则将物品添加到该顾客的购物清单中。否则，输出提示消息，表示该顾客不是本店的顾客。

接着，小鱼在Shop类中定义了一个支付函数，用于记录顾客的支付行为：

```python
def pay(self, name):
    if name in self.customers:
        self.customers[name]["paid"] = True
    else:
        print(f"{name} 不是本店的顾客。")
```

如果顾客的名字在customers列表中，则将该顾客的支付状态设置为True，表示已支付。否则，输出提示消息，提示这个顾客不是本店的顾客。

接着，在Shop类中定义一个检查未支付货款的函数，用于检查所有顾客的支付状态，对于每个尚未支付货款的顾客，都会发送一条消息提醒他们支付货款：

```python
def check_payments(self):
    for name, data in self.customers.items():
        if not data["paid"]:
            print(f"发送魔法消息给 {name}，提醒他支付货款。")
```

上面这个函数使用for循环遍历所有的顾客，检查哪些顾客尚未支付货款。

上述过程的完整代码如下：

```python
# 魔法杂货店
class Shop:
    def __init__(self):
        self.customers = {} #初始化customers列表，存储顾客的购物记录和支付状态


    # 添加顾客
    def add_customer(self, name):
        self.customers[name] = {"items": [], "paid": False}


    # 购买商品
    def buy(self, name, item):
        if name in self.customers:
            self.customers[name]["items"].append(item)
        else:
            print(f"{name} 不是本店的顾客。")


    # 记录支付行为
    def pay(self, name):
        if name in self.customers:
            self.customers[name]["paid"] = True
        else:
            print(f"{name} 不是本店的顾客。")


    # 检查未支付货款的顾客
    def check_payments(self):
        for name, data in self.customers.items():
            if not data["paid"]:
                print(f"发送魔法消息给 {name}，提醒他支付货款。")
```

写完Shop类的代码后，小鱼准备测试一下代码的功能是否可用。他继续在Shop类的外部写下如下代码：

```python
# 创建Shop类的对象
shop=Shop()
```

```
# 调用添加顾客方法，顾客的名字为小张
shop.add_customer("小张")
# 记录小张买了一根铅笔
shop.buy("小张","铅笔")
# 检查未支付货款的顾客
shop.check_payments()
```

运行这段代码后，计算机控制台输出了以下内容：

发送魔法消息给 小张，提醒他支付货款。

由于小张没有支付货款，因此输出上述内容，提醒小张支付货款。

小鱼擦了擦额头上的汗珠，松了一口气。小鱼继续添加顾客小王的测试代码：

```
# 添加顾客小王
shop.add_customer("小王")
# 记录小王买了一块橡皮
shop.buy("小王","橡皮")
# 记录小王支付了货款
shop.pay("小王")
# 检查未支付货款的顾客
shop.check_payments()
```

运行上面这段代码后，计算机控制台没有输出和小王相关的提示信息。因为小王已经支付了货款。

小鱼的程序为魔法杂货店提供了一个简单、有效的管理系统，可以轻松地记录顾客的购物行为和支付状态，并在需要时发送消息提醒顾客支付货款。

黑暗魔法师的脸色变得铁青。他没想到一个初学者竟然这么厉害。他深吸了一口气，然后将手中闪闪发光的魔法碎片递给了小鱼。

"你赢了，小鱼，这块魔法碎片是你的了。你非常优秀。"黑暗魔法师语重心长地说。

小鱼接过魔法碎片，感受到了它强大的魔法能量。他向黑暗魔法师鞠了一躬，对黑暗魔法师说："谢谢你对我的考验，我会继续努力的。"

8.3 魔法盒子的觉醒

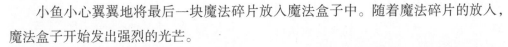

小鱼小心翼翼地将最后一块魔法碎片放入魔法盒子中。随着魔法碎片的放入，魔法盒子开始发出强烈的光芒。

突然，魔法盒子浮在空中开始旋转，并释放出强大的魔法能量。这股能量像一阵巨大的旋风。在这股强大的魔法能量中，小鱼感到他的魔法能量得到了极大的增强，他的思维变得更加敏捷。

魔法盒子缓缓落下，强烈的光芒也逐渐消失。小鱼走到魔法盒子前，轻轻打开了它。里面空空如也，但小鱼知道，魔法盒子已将所有的魔法能量传递给了他。

魔法师走了过来，他看着小鱼，眼中充满了欣慰："小鱼，你做到了。你已经成为了一名真正的魔法师。这个魔法盒子是你的，它将会是你最强大的武器。"

小鱼鞠躬道谢，他知道，这是他人生中最重要的时刻，他已经从一个普通的少年成长为一名强大的魔法师。

8.4 尾声：回归与新的开始

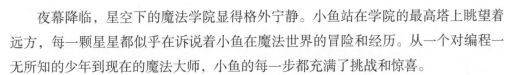

夜幕降临，星空下的魔法学院显得格外宁静。小鱼站在学院的最高塔上眺望着远方，每一颗星星都似乎在诉说着小鱼在魔法世界的冒险和经历。从一个对编程一无所知的少年到现在的魔法大师，小鱼的每一步都充满了挑战和惊喜。

他回想起第一次遇到魔法师，第一次编写魔法代码，第一次与黑暗魔法师对决……这一切都如昨日，但又仿佛经历了一个世纪。他充满了感慨，也充满了成就感。他知道，自己已经不再是那个在学校被同学嘲笑的"魔法小白"，而是一个真正的魔法师。

但是，随着时间的流逝，小鱼也开始思考一个问题：他是否应该回到现实世界，与家人和朋友团聚？他深深地想念着家人和朋友，还有那个熟悉的小城市。他开始意识到，无论魔法世界有多么美好，他的家还是在现实世界。

他决定去找魔法师，寻求答案。魔法师告诉他："小鱼，你在魔法世界学到了很多，但真正的成长不仅仅是学到技能和知识，更是对自己有正确认识和选择。你需要决定自己的未来，无论是留在魔法世界，还是回到现实世界。"

小鱼思考了很久，最终做出了决定。他决定回到现实世界，与家人和朋友团聚。但他也明白，他不能完全放弃魔法世界，因为那里有他的导师、朋友和无数的冒险等待着他。他决定成为两个世界的桥梁，将魔法世界的知识带到现实世界，帮助人们解决问题。

在临走前，小鱼发表了一篇感人的演讲，分享了自己的冒险经历和成长心得。他鼓励大家勇敢追求自己的梦想，不畏困难，不断前进。他的演讲赢得了全场魔法师的掌声，也赢得了大家的尊重和认可。

小鱼知道，他的冒险还没有结束，但无论未来有多少挑战和困难，他都有信心面对。因为他已经不再是那个脆弱的少年，而是一个真正的魔法师。

附录 A

【综合项目实践】魔法图书馆管理系统

A.1　项目背景

在魔法世界中，图书馆是一个神奇的地方，藏有各种各样的魔法图书。有些图书讲解魔法知识，还有一些图书本身就具有魔法。为了更好地管理这些珍贵的魔法图书，小鱼决定为图书馆创建一个管理系统。

通过这个项目，你不仅可以综合应用学到的Python知识，还可以了解到如何设计和实现一个完整的系统。同时，你可以根据自己的兴趣和需要，为这个系统添加更多的功能。

A.2　功能描述

- 图书录入：允许管理员录入图书的详细信息，如书名、作者、出版日期、难度等级等。
- 图书查询：用户可以通过书名、作者或其他属性来查询图书。
- 图书借阅与归还：记录图书借阅和归还的历史信息，以及剩余图书的数量，借阅图书时会减少库存，归还图书时会增加库存。
- 逾期提醒：如果某本书超过归还日期仍未归还，则系统会自动发送提醒给相关的管理员。
- 用户管理：管理员可以添加、删除或修改用户信息，包括用户名、密码和用户权限等。

A.3　技术要点

- 使用Python的基础知识，如变量、数据类型、条件语句、循环等。
- 使用字典存储图书和用户的信息。
- 使用列表存储多本图书或多个用户。
- 使用函数的模块化代码，提高代码的复用性。

A.4　功能实现

1. 图书录入功能

（1）定义图书的数据结构

我们首先需要定义一个图书的数据结构。在这里，我们可以使用字典来存储图书的信息，如书名、作者、出版日期、难度等级等：

```python
# 定义一个空的图书列表，用于存储所有的图书信息
books = []
```

（2）录入图书信息

我们需要一个函数来录入图书的信息。首先，这个函数会提示用户输入图书的各种信息，然后将这些信息存储在一个字典中，并将这个字典添加到图书列表中：

```python
# 录入图书函数
def add_book():
    # 获取用户输入的图书信息
    book_name = input("请输入书名: ")
    author = input("请输入作者: ")
    publication_date = input("请输入出版日期: ")
    magic_level = input("请输入难度等级: ")

    # 将图书信息存储在一个字典中
    book = {
        "书名": book_name,
        "作者": author,
        "出版日期": publication_date,
        "难度等级": magic_level
    }

    # 将字典添加到图书列表中
    books.append(book)
    print("图书录入成功! ")
```

- 函数名为add_book()，用于录入图书信息。
- 函数内部使用input()函数，获取用户输入的图书信息，包括书名、作者、出版日期和难度等级，并将这些信息保存在对应的变量中。
- 创建一个字典book，将图书信息存储在字典中，其中字典的键是图书属性（如书名、作者等），值是对应的用户输入。
- 使用append()函数，将字典book添加到图书列表的末尾。
- 打印出"图书录入成功！"的提示信息，表示图书信息已成功录入。

（3）测试图书录入功能

现在，测试图书的录入功能，看看能否正确录入图书信息：

```python
# 调用add_book()函数，录入一本书的信息
add_book()


# 打印图书列表，查看录入的结果
print(books)
```

至此，我们完成了图书录入功能。

2. 图书查询功能

在实现图书的查询功能之前，已经存在books列表，用于存储所有的图书信息。

（1）定义图书查询函数

我们需要一个函数来查询图书。这个函数会根据用户提供的关键词，如书名、作者等，在books列表中搜索相关的图书，并显示查询结果：

```python
# 图书查询函数
def search_book():
    # 获取用户输入的查询关键词
    keyword = input("请输入查询关键词（书名/作者）: ")


    # 创建一个空列表，用于存储与关键词匹配的图书
```

```
results = []

# 遍历图书列表，查找与关键词匹配的图书
for book in books:
    if keyword in book["书名"] or keyword in book["作者"]:
        results.append(book)

# 显示查询结果
if results:
    for book in results:
        print("书名:", book["书名"])
        print("作者:", book["作者"])
        print("出版日期:", book["出版日期"])
        print("难度等级:", book["难度等级"])
        print("------")
else:
    print("未找到与关键词", keyword, "相关的图书。")
```

◆ 解 析

- for book in books::使用for循环，遍历books列表中的每一本书。
- if keyword in book["书名"] or keyword in book["作者"]::判断关键词是否出现在书名或作者名中。
- results.append(book)：如果关键词与图书匹配，则将该图书添加到results列表中。
- if results::使用if语句检查results列表是否非空，即是否有查询结果。
- for book in results::如果有查询结果，则使用for循环，遍历results列表中的每一本书。

（2）测试图书查询功能

现在，测试图书的查询功能，看看能否正确查询图书信息：

```
# 先录入几本图书作为测试数据
add_book()  # 调用之前定义的add_book()函数，录入一本书的信息
add_book()  # 再录入一本书
```

```
# 调用search_book()函数，查询图书信息
search_book()
```

至此，我们完成了图书查询功能的实现。通过这个功能，用户可以轻松查找图书馆中的图书。

3. 图书借阅与归还功能

为了实现图书的借阅与归还功能，我们需要对每本图书添加一个状态标记，如在库或已借出。

（1）修改图书数据结构
首先，我们需要修改图书录入函数add_book()中定义的数据结构，为每本图书添加一个状态字段。

图书数据结构的示例如下：

```
# 图书数据结构的示例
book = {
    "书名": "Python魔法入门",
    "作者": "古老的魔法师",
    "出版日期": "2023-04-05",
    "难度等级": "初级",
    "状态": "在库"    # 新增的状态字段
}
```

将变量代入上述模版：

```
# 将图书信息存储在一个字典中
book = {
    "书名": book_name,
    "作者": author,
    "出版日期": publication_date,
    "难度等级": magic_level,
    "状态": "在库"    # 新增的状态字段，默认为在库
}
```

（2）定义图书借阅函数

图书借阅函数是实现借书功能的核心。当用户想要借阅一本书时，该函数会首先检查图书是否可用。如果可用，则提示"借阅成功"，同时将图书状态标记为"已借出"。如果不可借阅，则提示用户图书已被其他人借走。代码如下：

```python
# 图书借阅函数
def borrow_book():
    # 获取用户输入的书名
    book_name = input("请输入你想借阅的书名: ")

    # 查找该图书
    for book in books:
        if book["书名"] == book_name:
            # 检查图书状态
            if book["状态"] == "在库":
                book["状态"] = "已借出"
                print("图书", book_name, "借阅成功! ")
                return
            else:
                print("图书", book_name, "已被其他魔法师借走! ")
                return
    print("未找到书名为", book_name, "的图书。")
```

（3）定义图书归还函数

```python
# 图书归还函数
def return_book():
    # 获取用户输入的书名
    book_name = input("请输入你想归还的书名: ")

    # 查找该图书
    for book in books:
        if book["书名"] == book_name:
            # 检查图书状态
```

```
            if book["状态"] == "已借出":
                book["状态"] = "在库"
                print("图书", book_name, "归还成功！")
                return
            else:
                print("图书", book_name, "并未被借出！")
                return
    print("未找到书名为", book_name, "的图书。")
```

（4）测试图书借阅与归还功能

```
# 先录入几本图书作为测试数据
add_book()   # 调用之前定义的add_book()函数，录入一本书的信息
add_book()   # 再录入一本书


# 调用borrow_book()函数，测试借书功能
borrow_book()


# 调用return_book()函数，测试还书功能
return_book()
```

通过上述步骤，我们成功实现了图书的借阅与归还功能。这两个功能确保了图书馆中的图书能被有序地管理，避免了图书的遗失或重复借阅。

4. 逾期提醒功能

为了实现逾期提醒功能，我们需要为每本已借出的图书记录借出的日期，并将借出日期与当前日期进行计算，从而判断是否逾期。

（1）修改图书数据结构

为了跟踪每本书的借出日期，我们需要在数据结构book中增加一个新的字段，即借出日期。这样，当某本书被借出时，我们可以记录下这一日期。代码如下：

```
# 将图书信息存储在一个字典中
book = {
```

```
        "书名": book_name,
        "作者": author,
        "出版日期": publication_date,
        "难度等级": magic_level,
        "状态": "在库",
        "借出日期": None    # 新增的借出日期字段，初始值为None
    }
```

（2）修改图书借阅函数

当图书被借出时，除了标记图书状态为"已借出"，还需要记录这本书的借出日期。后续可以基于这个日期，判断图书是否逾期：

```python
import datetime   # 导入日期模块
# 图书借阅函数
def borrow_book():
    book_name = input("请输入你想借阅的书名: ")
    for book in books:
        if book["书名"] == book_name:
            if book["状态"] == "在库":
                book["状态"] = "已借出"
                book["借出日期"] = datetime.date.today() #将当前日期设置为借出日期
                print("图书", book_name, "借阅成功！")
                return
            else:
                print("图书", book_name, "已被其他魔法师借走！")
                return
    print("未找到书名为", book_name, "的图书。")
```

◆ 解析

步骤 1 》首先，导入Python的日期模块datetime，处理日期相关的操作。

步骤 2 》定义函数borrow_book()，用于借阅图书。

步骤 3 》函数内部使用input()函数，接收用户输入的书名，并将其保存在变量book_name中。

步骤 4 》使用for循环，遍历图书列表books，把每本书都存储为一个字典，字典中有"书名"和"状态"等键值对。

步骤 5 在循环中，通过判断图书的"书名"是否等于用户输入的书名，从而找到用户要借阅的图书。

步骤 6 如果图书的状态为"在库"，则将状态改为"已借出"，并将当前日期设置为借出日期，使用datetime.date.today()函数获取当前日期。

步骤 7 如果图书的状态为"已借出"，则提示该书已被借走。

步骤 8 如果未找到用户输入的书名，则提示未找到对应的图书。

步骤 9 借阅成功后，会打印出借阅成功的信息。

步骤 10 使用return语句，结束函数的执行。

（3）定义逾期提醒函数

这个函数的目的是遍历所有已借出的图书，并检查它们是否已经逾期。如果某本书已经超过了规定的借阅期限，则这本书就被视为逾期，系统会给出相应的提醒。代码如下：

```python
# 逾期提醒函数
def overdue_reminder():
    today = datetime.date.today()  # 获取当前日期
    for book in books:
        if book["状态"] == "已借出" and book["借出日期"]:
            # 计算自借出日起已过去的天数
            days_passed = (today - book["借出日期"]).days
            if days_passed > 30:  # 假设借书期限为30天
                print("图书《", book["书名"], "》已逾期", days_passed - 30,
"天，请尽快归还！")
```

◆ **解 析**

- 函数名为overdue_reminder()，用于检查借出的图书是否逾期。

- 使用datetime.date.today()函数获取当前日期，并将其保存在变量today中。

- 使用for循环，遍历books列表中的每本图书。

- 对于每本图书，首先判断其状态是否为"已借出"，且判断是否存在借出日期。

- 如果满足条件，则计算从借出日期到当前日期的天数差，使用(today - book["借出日期"]).days进行计算，并将结果保存在变量days_passed中。

- 假设借书期限为30天。如果借阅的天数差大于30，则打印出相应的逾期提醒信息。

提示信息中包括图书的名称（book["书名"]）和逾期天数（days_passed - 30）。

- 逾期提醒信息会被打印到控制台。

（4）测试逾期提醒功能

为了验证逾期提醒功能是否能正常工作，我们需要进行一些测试。此时需要手动设置一些测试数据，并调用逾期提醒函数：

```python
# 录入几本图书作为测试数据
add_book()
add_book()


# 借出一本书，并手动修改其借出日期为30天前，模拟逾期情况
borrowed_book = books[0]
borrowed_book["状态"] = "已借出"
borrowed_book["借出日期"] = datetime.date.today() - datetime.timedelta(days=31)


# 调用逾期提醒函数
overdue_reminder()
```

通过上述步骤，可以成功实现逾期提醒功能。该功能确保图书馆中的图书能按时归还，帮助用户遵守图书馆的规定。

5. 用户管理功能

（1）用户注册

用户注册功能允许新用户为自己创建一个账户。用户需要提供用户名和密码。系统会检查该用户名是否已经存在，以确保每个用户名的唯一性。如果用户名已经被其他用户使用，则系统会提示用户选择另外的用户名。成功注册账户后，用户的信息会被存储起来。代码如下：

```python
# 创建一个字典，用于存储用户信息
users = {}
# 用户注册函数
```

```
def register():
    """用户注册功能"""
    # 输入用户名和密码
    username = input("请输入用户名: ")
    password = input("请输入密码: ")

    # 检查用户名是否已经存在
    if username in users:
        print("用户名已存在，请选择其他用户名。")
        return

    # 将用户名和密码存入字典
    users[username] = password
    print("注册成功! ")
```

（2）用户登录

用户登录功能允许已注册的用户通过输入用户名和密码登录系统。系统首先会检查输入的用户名是否存在，然后验证用户输入的密码是否与存储的密码相匹配。如果匹配成功，则用户将被允许登录，否则系统会给出相应的错误提示。代码如下：

```
# 用户登录函数
def login():
    """用户登录功能"""
    # 输入用户名和密码
    username = input("请输入用户名: ")
    password = input("请输入密码: ")

    # 检查用户名是否存在
    if username not in users:
        print("用户名不存在! ")
        return

    # 检查密码是否正确
    if users[username] == password:
```

```
        print("登录成功! ")

        return True

    else:

        print("密码错误! ")
```

（3）修改密码

修改密码功能允许已登录的用户修改密码。首先，用户需要输入用户名和密码进行验证。一旦验证成功，用户可以为账户设置一个新的密码。只有知道当前密码的用户才能更改密码，从而提高了账户的安全性。代码如下：

```python
# 修改密码函数
def change_password():
    """修改密码功能"""
    # 输入用户名
    username = input("请输入用户名: ")

    # 检查用户名是否存在
    if username not in users:
        print("用户名不存在! ")
        return

    # 输入旧密码
    old_password = input("请输入旧密码: ")

    # 检查旧密码是否正确
    if users[username] != old_password:
        print("旧密码错误! ")
        return

    # 输入新密码
    new_password = input("请输入新密码: ")

    # 更新密码
    users[username] = new_password
    print("密码修改成功! ")
```

（4）删除用户

删除用户功能允许管理员或用户删除账户。为了执行此操作，首先需要输入要删除的用户名。系统会提示用户确认是否删除账户，因为这一操作是不可逆的。一旦用户确认删除账户，该用户的所有信息都将从系统中删除。代码如下：

```python
# 删除用户函数
def delete_user():
    """删除用户功能"""
    # 输入用户名
    username = input("请输入要删除的用户名: ")

    # 检查用户名是否存在
    if username not in users:
        print("用户名不存在! ")
        return

    # 确认删除
    confirm = input(f"确定要删除 {username} 吗? (yes/no): ")
    if confirm.lower() == 'yes':
        del users[username]
        print("用户删除成功! ")
    else:
        print("操作已取消。")
```

上面介绍的这些功能共同构成了用户管理的基本操作，如注册、登录、修改密码和删除用户。在实际应用中，还可以添加更多功能，如用户角色管理、用户权限管理。

6. 界面菜单显示

（1）初始菜单

当用户首次运行程序时，将看到一个初始菜单，该菜单提供登录和注册选项：

```python
# 初始菜单函数
```

```python
def initial_menu():
    while True:
        print("\n欢迎来到魔法图书馆管理系统 - 初始菜单")
        print("1. 登录")
        print("2. 注册")
        print("3. 退出系统")

        choice = input("请选择一个操作: ")

        if choice == "1":
            # 调用登录函数
            if login():
                main_menu() # 登录成功后，调用主菜单函数，进入主菜单界面
            else:
                print("登录失败，请重试。")
        elif choice == "2":
            # 调用注册函数
            register()
        elif choice == "3":
            print("感谢使用魔法图书馆管理系统！再见！")
            break
        else:
            print("无效的选择，请重新选择。")
```

◆ 解 析

- 初始菜单函数为initial_menu()，用于显示初始菜单，并处理用户的选择操作。
- 使用一个无限循环while True，确保用户可以在菜单中不断进行选择。
- 在循环内部，首先会打印出欢迎信息和菜单选项。
- 使用input()函数接收用户的选择，并将选择保存在choice变量中。
- 使用条件判断语句，根据用户的选择执行相应的操作。
- 如果选择1，则调用登录函数login()进行登录验证。如果验证成功，则调用主菜单函数main_menu()，从而进入主菜单界面。如果验证失败，则打印登录失败的提示信息。
- 如果选择为2，则调用注册函数register()，进行用户注册。

- 如果选择为3，则打印感谢信息，并使用break语句跳出循环，从而退出系统。
- 如果选择其他无效选项，则打印无效选择的提示信息。循环会继续，用户可以重新进行选择。

（2）主菜单

当用户成功登录后，会看到系统主菜单，主菜单函数如下：

```python
# 主菜单函数
def main_menu():
    while True:
        print("\n欢迎来到魔法图书馆管理系统 - 主菜单")
        print("1. 图书录入")
        print("2. 图书查询")
        print("3. 图书借阅")
        print("4. 图书归还")
        print("5. 逾期提醒")
        print("6. 修改密码")
        print("7. 删除用户")
        print("8. 退出系统")

        choice = input("请选择一个操作: ")

        if choice == "1":
            # 调用图书录入函数
            add_book()
        elif choice == "2":
            # 调用图书查询函数
            search_book()
        elif choice == "3":
            # 调用图书借阅函数
            borrow_book()
        elif choice == "4":
            # 调用图书归还函数
            return_book()
```

```python
elif choice == "5":
    # 调用逾期提醒函数
    overdue_reminder()
elif choice == "6":
    # 调用修改密码函数
    change_password()
elif choice == "7":
    # 调用删除用户函数
    delete_user()
elif choice == "8":
    print("感谢使用魔法图书馆管理系统！再见！")
    break
else:
    print("无效的选择，请重新选择。")
```

上述代码的部分操作过程如图A-1所示。

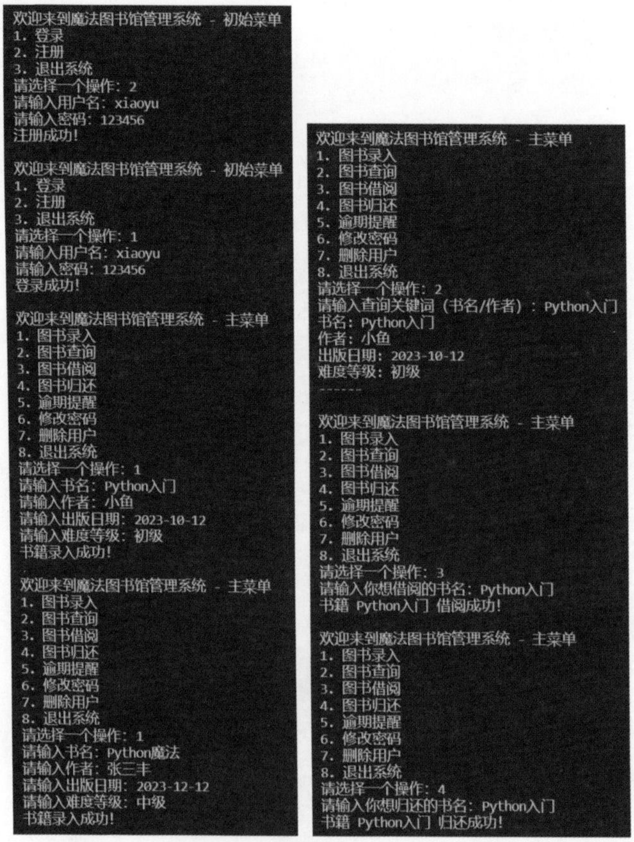

图 A-1

附录 B

【综合项目实践】魔法道具商店管理系统

B.1 项目背景

在魔法世界中，魔法道具商店是一个神奇的地方。魔法道具商店里出售各种各样的魔法道具，如飞天扫帚、隐形斗篷。为了确保魔法道具商店的顺利运营，需要一个强大的管理系统管理道具的购入、销售和库存。魔法道具商店管理系统是一个专为魔法道具商店设计的管理工具，能帮助店主更高效地管理商店，确保道具的供应和销售。下面我们设计一个魔法道具商店管理系统。

B.2 功能描述

- 道具购入：店主可以录入购入的道具信息，如道具的名称、价格、数量、描述。
- 道具销售：当顾客购买道具时，系统会自动从库存中扣除相应数量的道具。
- 库存查询：店主可以随时查询每种道具的库存数量，确保库存充足。
- 销售报告：系统可以生成所有道具的销售报告，帮助店主了解销售情况。
- 顾客管理：店主可以管理顾客的信息，如姓名、联系方式等，可以添加、查询、删除顾客。

B.3 技术要点

- 道具类 (MagicItem)：表示商店中的每种魔法道具，属性包括名称、价格、数量、描述等，以及与道具相关的方法，如购入、销售等。
- 商店类 (MagicShop)：表示魔法道具商店，属性包括道具列表、销售记录等，与商店运营相关的方法包括库存查询、销售报告生成等。
- 顾客类 (Customer)：表示商店的顾客，属性包括姓名、联系方式、购买记录等。
- 封装：通过私有属性和公共方法，确保商店数据的完整性和安全性。

- 继承：如果有特殊类型的道具或特殊需求的顾客，则可通过继承基础类的方式创建子类，从而实现代码的复用和扩展。
- 多态：允许商店处理多种类型的道具，提供灵活的接口。
- 异常处理：在进行道具购入、销售等操作时，能处理可能出现的异常情况，如库存不足、无效的输入等。
- 数据存储：若基本功能已经实现，则可对系统进行扩展。例如，使用Python的文件操作功能，允许店主保存和加载道具的库存和销售记录。

B.4　功能实现

1. 道具购入功能

（1）定义道具类（MagicItem）

```python
class MagicItem:
    def __init__(self, name, price, quantity, description):
        self.name = name  # 道具的名称
        self.price = price  # 道具的价格
        self.quantity = quantity  # 道具的数量
        self.description = description  # 道具的描述


    def __str__(self):
        return f"{self.name} - {self.description} - 价格: {self.price} - 数量: {self.quantity}"
```

上面这段代码定义了一个名为MagicItem的类，代表魔法道具商店中的魔法道具。该类具有四个属性：名称、价格、数量和描述。此外，该类还定义了一个特殊的方法__str__()，用于返回道具的字符串表示。

◆ 解　析

- class MagicItem：开始进行类的定义。MagicItem是类的名称，表示魔法道具。
- def init(self, name, price, quantity, description)：类的构造函数，用于初始化对象的属性。当我们创建一个新的MagicItem对象时，这个方法会被自动调用。
  - self：类实例的引用，总是指向当前实例。在类的方法中，使用self访问和修改对象的属性。

- name, price, quantity, description：传递给构造函数的参数，用于初始化对象的属性。
- self.name = name：将传递给构造函数的name参数值赋给对象的name属性。这意味着当我们创建一个新的MagicItem对象，并为其提供一个名称时，该名称将被存储在对象的name属性中。
- def __str__(self)：一个特殊的方法，当我们尝试打印一个MagicItem对象时，会调用这个方法来获取对象的字符串表示。
- return f"{self.name} - {self.description} - 价格: {self.price} - 数量: {self.quantity}"：一个格式化字符串，将对象的属性组合成一个描述性的字符串。当打印一个MagicItem对象时，这个字符串将被显示。

总之，MagicItem类提供了一个结构化的方式，便于我们表示和管理魔法道具商店中的道具。

（2）定义商店类（MagicShop）

```python
class MagicShop:
    def __init__(self):
        self.items = {}  # 存储道具的字典，键为道具名称，值为MagicItem对象


    def add_item(self, item):
        """在商店中添加或更新道具"""
        if item.name in self.items:
            # 如果道具已存在，则更新数量
            self.items[item.name].quantity += item.quantity
        else:
            # 在商店中添加新道具
            self.items[item.name] = item
```

上面这段代码定义了一个名为MagicShop的类，代表魔法道具商店。该类有一个属性items，该属性是一个字典，用于存储商店中的所有魔法道具。道具的名称是字典的键，MagicItem对象是字典的值。此外，MagicShop类还有一个方法add_item()，用于在商店中添加或更新道具。

◆ 解　析

- def init(self)：类的构造函数，用于初始化对象的属性。当我们创建一个新的 MagicShop对象时，这个方法会被自动调用。
- self.items = {}：初始化一个空字典并赋值给items属性。该字典存储商店中 的所有魔法道具，道具的名称作为字典的键，MagicItem对象作为字典的值。
- def add_item(self, item)：向商店添加或更新道具的方法。
- self：类实例的引用，总是指向当前实例。在类的方法中，使用self访问和 修改对象的属性。
- item：传递给此方法的参数，类型为MagicItem对象。
- if item.name in self.items：条件语句，检查传递给方法的道具名称是否存在于 items字典中。
- self.items[item.name].quantity += item.quantity：如果道具的名称已存在于字 典中，则意味着我们之前已经添加过这个道具。因此，我们只需更新这个 道具的数量。这里，在原本的道具数量上添加传递给方法的道具数量。
- else：上述条件语句的一部分，如果道具的名称不在字典中，则将执行此部 分的代码。
- self.items[item.name] = item：将传递给方法的MagicItem对象添加到items字 典中。道具的名称作为字典的键，MagicItem对象作为字典的值。

总之，MagicShop类提供了结构化的方式表示和管理魔法道具商店，同时可以 在商店中添加或更新道具。

（3）实现道具购入功能

```python
def purchase_item(shop):
    # 获取用户输入的道具信息
    name = input("请输入道具的名称: ")
    price = float(input("请输入道具的价格: "))
    quantity = int(input("请输入购入的数量: "))
    description = input("请输入道具的描述: ")


    # 创建一个新的道具对象
    new_item = MagicItem(name, price, quantity, description)
    # 将道具添加到商店中
```

```
    shop.add_item(new_item)


    print(f"成功购入 {quantity} 个 {name}!")
```

上面这段代码定义了一个名为purchase_item()的函数，用于实现道具的购入功能。该函数首先从用户那里获取道具的相关信息，然后创建一个新的MagicItem对象，并将此对象添加到商店中。

解析

- def purchase_item(shop)：函数定义的开始。purchase_item是函数的名称，它接受一个参数shop，代表要添加道具的商店。
- new_item = MagicItem(name, price, quantity, description)：创建一个新的道具对象。使用MagicItem类的构造函数，创建一个新的道具对象，并将此对象存储在new_item变量中。
- shop.add_item(new_item)：将道具添加到商店。这里，我们调用shop对象的add_item()方法，并传递new_item参数，将道具添加到商店中。

总之，purchase_item()函数为我们提供了一个简单的方式，可以从用户那里获取道具的相关信息，并将道具添加到商店中。

（4）主程序

主程序提供简单的用户界面，允许用户选择和执行不同的操作，直到用户选择退出主程序：

```
if __name__ == "__main__":
    shop = MagicShop()  # 创建一个新的商店对象


    while True:  # 无限循环
        # 输出菜单选项
        print("\n魔法道具商店管理系统")
        print("1. 道具购入")
        # ... 其他功能选项
        print("0. 退出系统")
```

```
        choice = input("请选择一个操作: ")

        if choice == "1":
            purchase_item(shop) #调用道具购入函数,并将shop对象作为参数进行传递
        # ... 其他功能的处理
        elif choice == "0":
            break # 退出无限循环
```

上面这段代码定义了一个主程序。主程序首先创建一个新的魔法商店对象,然后进入无限循环,显示菜单并等待用户执行操作。根据用户的选择,程序会执行相应的功能。

◆ 解 析

- if name == "main":Python中的常见模式,用于检查脚本是否被直接执行。如果脚本被直接执行,则__name__变量的值将为__main__,语句下面的代码块将被执行。
- shop = MagicShop():创建了一个新的MagicShop对象,并将其存储在变量shop中。这将是我们在后续操作中使用的商店对象。
- while True:无限循环,它会一直运行,直到遇到一个break语句时,才会停止。

这样,我们就实现了简单的道具购入功能,店主可以通过菜单轻松地为商店购入新的道具,或更新现有道具的库存。道具购入功能的运行过程如图B-1所示。

图 B-1

2. 道具销售功能

(1) 扩展道具类

在原有道具类的基础上,需要增加一个方法,减少道具的数量,从而反映销售后的库存变化。

```
class MagicItem:
    # ... 其他部分保持不变
```

```
def sell(self, quantity):
    """销售道具，减少库存数量"""
    if self.quantity >= quantity:
        self.quantity -= quantity
        return True  # 销售成功
    else:
        print(f"抱歉，{self.name} 的库存不足!")
        return False  # 库存不足，销售失败
```

上面这段代码中的sell()方法用于销售道具，并相应地减少道具的库存数量。当尝试销售一定数量的道具时，该方法首先检查库存是否足够。如果库存足够，则会减少道具的库存，并返回True，表示销售成功。如果库存不足，则会输出一个警告消息并返回False，表示销售失败。

sell()方法非常实用，不仅可以处理销售操作，还可以处理库存不足的情况，从而确保商店的正常运营。

解 析

- if self.quantity >= quantity：使用一个if语句，检查当前道具的库存（self.quantity）是否大于或等于要销售的数量（quantity）。如果条件为真，则说明库存足够进行销售。

- self.quantity -= quantity：如果库存足够，则使用 "-=" 运算符减少库存数量。这行代码等同于self.quantity = self.quantity - quantity。

（2）扩展商店类

在商店类中，需要增加一个方法进行道具的销售操作：

```
class MagicShop:
    # ... 其他部分保持不变

    def sell_item(self, name, quantity):
        """从商店中销售道具"""
        item = self.items.get(name)
        if item:
            return item.sell(quantity)  # 调用道具的 sell() 方法
        else:
            print(f"抱歉，我们店里没有 {name} 这个道具!")
```

```
        return False
```

上面这段代码在MagicShop中类添加了一个新的方法sell_item()，用于进行商店中道具的销售操作。这个方法首先检查所要销售的道具是否存在于商店中，然后调用该道具的sell()方法来完成销售操作。

◆ 解 析

- def sell_item(self, name, quantity)：定义一个新方法sell_item()，该方法接受两个参数：name（销售的道具名称）和quantity（销售数量）。
- item = self.items.get(name)：使用字典的get()方法，尝试从self.items中获取与给定名称匹配的道具对象。如果该道具存在，则item为MagicItem对象；否则，item为None。
- if item:：使用if语句，检查item是否存在。如果item不是None，则说明商店中有这个道具。
- return item.sell(quantity)：如果道具存在，则调用该道具的sell()方法完成销售操作。该方法会返回True（销售成功）或False（库存不足，销售失败）。

（3）实现道具销售功能

通过用户输入，获取要销售的道具名称和数量，并调用商店的销售方法，完成销售操作：

```python
def sell_item(shop):
    # 获取用户输入的道具信息
    name = input("请输入要销售的道具名称: ")
    quantity = int(input("请输入要销售的数量: "))

    # 尝试从商店中销售道具
    if shop.sell_item(name, quantity):
        print(f"成功销售 {quantity} 个 {name}!")
    else:
        print(f"销售 {name} 失败!")
```

上面这段代码定义了一个名为sell_item()的函数，此函数允许用户输入要销售的道具名称和数量，并尝试从商店中销售这些道具。如果销售成功，则会输出销售成功的消息；如果销售失败（道具不存在或库存不足），则会输出销售失败的消息。

（4）更新主程序

在主程序中，需要更新菜单选项，以便用户可以选择道具销售功能：

```python
if __name__ == "__main__":
    # ... 其他部分保持不变

    while True:
        # 输出菜单选项
        print("\n魔法道具商店管理系统")
        print("1. 道具购入")
        print("2. 道具销售")
        # ... 其他功能选项
        print("0. 退出系统")

        choice = input("请选择一个操作: ")

        if choice == "1":
            purchase_item(shop)
        elif choice == "2":
            sell_item(shop)
        # ... 其他功能的处理
        elif choice == "0":
            break
```

至此，我们成功地为魔法道具商店管理系统添加了道具销售功能。店主现在可以通过控制台菜单轻松地销售道具，并实时更新道具的库存信息。

道具销售功能的运行过程如图B-2所示。

```
魔法道具商店管理系统
1. 道具购入
2. 道具销售
3. 库存查询
4. 查看销售报告
5. 顾客管理
0. 退出系统
请选择一个操作: 2
请输入要销售的道具名称: 飞天斗篷
请输入销售数量: 5
成功销售 5 个 飞天斗篷!

魔法道具商店管理系统
1. 道具购入
2. 道具销售
3. 库存查询
4. 查看销售报告
5. 顾客管理
0. 退出系统
请选择一个操作: 2
请输入要销售的道具名称: 魔法毛毯
请输入销售数量: 7
成功销售 7 个 魔法毛毯!
```

图 B-2

3. 库存查询功能

（1）扩展商店类

在商店类中，需要增加一个方法来显示所有道具的库存信息：

```
class MagicShop:
    # ... 其他部分保持不变


    def display_inventory(self):
        """显示所有道具的库存信息"""
        print("\n库存信息: ")
        for item_name, item in self.items.items():
            print(f"{item_name} - {item.quantity} 个")
```

display_inventory()方法会遍历商店中的所有道具，并打印每个道具的名称和数量。

解 析

- for item_name, item in self.items.items()：：使用for循环遍历商店中的所有道具。self.items是一个字典，其中键是道具的名称，值是MagicItem对象。self.items.items()方法返回一个键值对的列表，item_name是道具的名称，item是对应的MagicItem对象。
- print(f"{item_name} - {item.quantity} 个")：使用格式化字符串打印每个道具的名称和数量。item_name是道具的名称，item.quantity是道具的数量。

（2）实现库存查询功能

通过调用商店的 display_inventory() 方法，可以让用户查看所有道具的库存信息：

```
def view_inventory(shop):
    """查询并显示商店的库存信息"""
    shop.display_inventory()
```

（3）更新主程序

在主程序中，我们需要更新菜单选项，以便用户可以选择库存查询功能：

```
if __name__ == "__main__":
    # ... 其他部分保持不变
```

```python
while True:
    # 输出菜单选项
    print("\n魔法道具商店管理系统")
    print("1. 道具购入")
    print("2. 道具销售")
    print("3. 库存查询")
    # ... 其他功能选项
    print("0. 退出系统")

    choice = input("请选择一个操作: ")

    if choice == "1":
        purchase_item(shop)
    elif choice == "2":
        sell_item(shop)
    elif choice == "3":
        view_inventory(shop)
    # ... 其他功能的处理
    elif choice == "0":
        break
```

至此，我们成功为魔法道具商店管理系统添加了库存查询功能。店主现在可以通过控制台菜单轻松查看所有道具的库存信息，确保道具库存充足并满足客户需求。

库存查询功能的运行过程如图B-3所示。

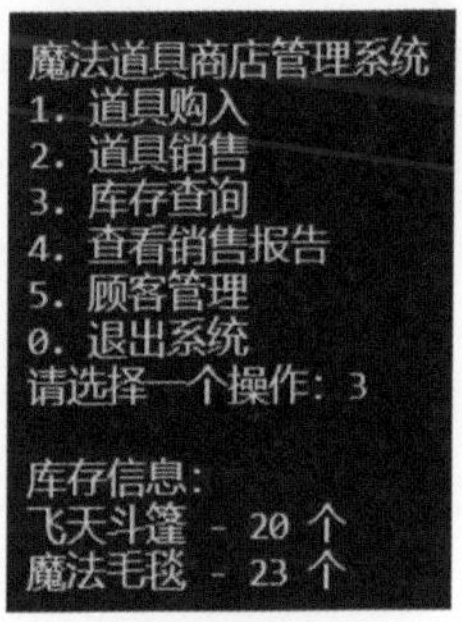

```
魔法道具商店管理系统
1. 道具购入
2. 道具销售
3. 库存查询
4. 查看销售报告
5. 顾客管理
0. 退出系统
请选择一个操作: 3

库存信息:
飞天斗篷 - 20 个
魔法毛毯 - 23 个
```

图B-3

4. 销售报告功能

（1）扩展道具类

为了跟踪每个道具的销售记录，我们需要在道具类中添加销售记录属性：

```python
class MagicItem:
    def __init__(self, name, price, quantity):
        self.name = name
```

```
        self.price = price
        self.quantity = quantity
        self.description = description
        self.sales_record = []  # 新增销售记录属性，记录每次销售的数量
```

（2）扩展商店类

在商店类中，我们需要增加一个方法生成销售报告：

```python
class MagicShop:
    # ... 其他部分保持不变


    def generate_sales_report(self):
        """生成销售报告"""
        print("\n销售报告: ")
        for item_name, item in self.items.items():
            total_sales = sum(item.sales_record)
            print(f"{item_name} - 已售出 {total_sales} 个")
```

generate_sales_report()方法会遍历商店中的所有道具，并可以打印每个道具的名称和已售出的数量。

◆ 解　析

- for item_name, item in self.items.items():：使用for循环遍历商店中的所有道具。self.items是一个字典，其中键是道具的名称，值是MagicItem对象。self.items.items()方法返回一个键值对的列表，item_name是道具的名称，item是MagicItem对象。

- total_sales = sum(item.sales_record)：计算每个道具的销售量。MagicItem对象有sales_record属性，该属性是一个列表，记录了每次销售的数量。使用sum()函数可以计算这个列表中所有数字的总和，得到总销售量。

（3）更新销售功能

当道具被售出时，需要更新销售记录：

```python
def sell_item(shop):
```

```
"""销售道具"""
item_name = input("请输入要销售的道具名称: ")
quantity = int(input("请输入销售数量: "))


if item_name in shop.items:  # 检查道具是否存在
    item = shop.items[item_name]  # 获取道具对象
    if item.quantity >= quantity:  # 检查库存是否足够
        item.quantity -= quantity
        item.sales_record.append(quantity)  # 更新销售记录
        print(f"成功销售 {quantity} 个 {item_name}!")
    else:
        print("库存不足!")
else:
    print("道具不存在!")
```

上面这段代码首先获取要销售的道具名称和数量，然后检查商店中是否有该道具，并检查库存是否足够，最后完成销售并更新销售记录。

◆ 解　析

- if item_name in shop.items::检查道具是否存在。使用in关键字检查item_name是否在shop.items字典的键中，即商店是否存在该道具。
- item = shop.items[item_name]：获取道具对象。如果道具存在，则从shop.items字典中获取对应的MagicItem对象。
- if item.quantity >= quantity::检查道具的库存是否足够。使用if语句检查道具的库存数量（item.quantity）是否大于或等于要销售的数量。
  - item.quantity -= quantity：如果道具的库存足够，则从item.quantity中减去销售的数量。
  - item.sales_record.append(quantity)：更新道具的销售记录，将销售数量添加到item.sales_record列表中。

（4）实现销售报告功能

通过调用商店的 generate_sales_report() 方法，可以让用户查看销售报告：

```
def view_sales_report(shop):
```

```
"""查询并显示销售报告"""
shop.generate_sales_report()
```

（5）更新主程序

在主程序中，需要更新菜单选项，以便用户查看销售报告：

```python
if __name__ == "__main__":
    # ... 其他部分保持不变

    while True:
        # 输出菜单选项
        print("\n魔法道具商店管理系统")
        print("1. 道具购入")
        print("2. 道具销售")
        print("3. 库存查询")
        print("4. 查看销售报告")  # 新增选项
        # ... 其他功能选项
        print("0. 退出系统")

        choice = input("请选择一个操作: ")

        if choice == "1":
            purchase_item(shop)
        elif choice == "2":
            sell_item(shop)
        elif choice == "3":
            view_inventory(shop)
        elif choice == "4":     # 新增选项
            view_sales_report(shop)
        elif choice == "0":
            break
```

通过上述步骤，我们为魔法道具商店管理系统添加了销售报告功能。店主可以通过控制台菜单轻松查看所有道具的销售报告，从而了解每个道具的销售情况。

销售报告功能的运行过程如图B-4所示。

魔法道具商店管理系统
1. 道具购入
2. 道具销售
3. 库存查询
4. 查看销售报告
5. 顾客管理
0. 退出系统
请选择一个操作: 4

销售报告:
飞天斗篷 - 已售出 5 个
魔法毛毯 - 已售出 7 个

5. 顾客管理功能

图 B-4

（1）创建顾客类（Customer）

为了管理顾客信息，首先需要创建一个顾客类，该类包含顾客的基本信息：

```python
class Customer:

    def __init__(self, name, contact):

        self.name = name  # 顾客的名字

        self.contact = contact  # 顾客的联系方式，如电话或电子邮件
```

（2）扩展商店类

在商店类中，需要增加三个方法，可以添加、查询和删除顾客：

```python
class MagicShop:

    # ... 其他部分保持不变


    def __init__(self):
        # ... 其他属性保持不变
        self.customers = {}  # 新增顾客字典，键为顾客名字，值为顾客对象


    def add_customer(self, name, contact):
        """添加新顾客"""
        if name not in self.customers:
            self.customers[name] = Customer(name, contact)
            print(f"顾客 {name} 已成功添加!")
        else:
            print(f"顾客 {name} 已存在!")
    def view_customer(self, name):
        """查询顾客信息"""
        if name in self.customers:
            customer = self.customers[name]
            print(f"顾客名: {customer.name}")
```

```
            print(f"联系方式: {customer.contact}")
        else:
            print(f"顾客 {name} 不存在!")


    def delete_customer(self, name):
        """删除顾客"""
        if name in self.customers:
            del self.customers[name]
            print(f"顾客 {name} 已成功删除!")
        else:
            print(f"顾客 {name} 不存在!")
```

解 析

- 添加新顾客:
  - if name not in self.customers::检查输入的顾客名字是否已经存在于 customers字典中。
  - self.customers[name] = Customer(name, contact):如果顾客名字不存在,创建一个新的顾客对象,并将其添加到customers字典中。
- 查询顾客信息:
  - if name in self.customers::检查输入的顾客名字是否存在于customers字典中。
  - customer = self.customers[name]:如果字典中存在顾客名字,则获取对应的顾客对象。
- 删除顾客:
  - if name in self.customers::检查输入的顾客名字是否存在于customers字典中。
  - del self.customers[name]:如果字典中存在顾客名字,则使用del关键字,从 customers字典中删除该顾客。

(3)实现顾客管理功能

通过调用商店的顾客管理方法,店主可以添加、查询和删除顾客:

```
def manage_customers(shop):
    """顾客管理功能"""
    while True:
        # 输出子菜单选项
```

```python
    print("\n顾客管理")
    print("1. 添加新顾客")
    print("2. 查询顾客信息")
    print("3. 删除顾客")
    print("0. 返回主菜单")


    choice = input("请选择一个操作: ")


    if choice == "1":
        name = input("请输入顾客的名字: ")
        contact = input("请输入顾客的联系方式: ")
        shop.add_customer(name, contact) # 调用添加顾客的方法
    elif choice == "2":
        name = input("请输入要查询的顾客名字: ")
        shop.view_customer(name) # 调用查询顾客方法
    elif choice == "3":
        name = input("请输入要删除的顾客名字: ")
        shop.delete_customer(name) # 调用删除顾客方法
    elif choice == "0":
        break # 结束循环
```

（4）更新主程序

在主程序中，我们需要更新菜单选项，便于用户使用顾客管理功能：

```python
if __name__ == "__main__":
    # ... 其他部分保持不变


    while True:
        # 输出菜单选项
        print("\n魔法道具商店管理系统")
        print("1. 道具购入")
        print("2. 道具销售")
        print("3. 库存查询")
        print("4. 查看销售报告")
```

附录 B

【综合项目实践】魔法道具商店管理系统

```python
print("5. 顾客管理")  # 新增选项
# ... 其他功能选项
print("0. 退出系统")


choice = input("请选择一个操作: ")


if choice == "1":
    purchase_item(shop)
elif choice == "2":
    sell_item(shop)
elif choice == "3":
    view_inventory(shop)
elif choice == "4":
    view_sales_report(shop)
elif choice == "5":     # 新增选项
    manage_customers(shop)
# ... 其他功能的处理
elif choice == "0":
    break
```

运行主程序，可以看到系统的功能菜单。

顾客管理功能的运行过程如图B-5所示。

图 B-5